Volker Voigt

# FLIPCHART

## Visualisieren wie ein Profi

# Liebe Leserin, lieber Leser,

gebannte Zuhörer im Workshop, Aha-Erlebnisse im Meeting, bleibende Eindrücke nach der Konferenz – kaum etwas kann so überzeugend und nachhaltig wirken wie eine durchdachte und gut ausgeführte Visualisierung, die auch einmal die ausgetretenen Pfade verlässt. Es kann aber auch einiges schiefgehen, bei schon erfahrenen Visualisierern übrigens genauso wie bei Einsteigern – wenn man ohne eine griffige Idee und Struktur auf dem leeren Blatt loslegt.

Unser Autor Volker Voigt hilft Ihnen ganz konkret über so manche Blockade beim Anfangen hinweg, über ungeordnete Textwüsten am Flipchart, schwer erkennbare Symbole und misslungene »Strichmännchen«. Denn Kreativität ist eine Methode, die man erlernen kann, und Zeichnen – unter Anleitung und mit etwas Übung – eben auch.

Der Experte für visuelle Kommunikation gibt Ihnen in diesem Buch mit seinen zahlreichen Beispielen eine Reihe von Anregungen, die Sie bei Ihren Projekten inspirieren sollen – Nachahmen und Kopieren sind hier ausdrücklich erwünscht! Insbesondere aber zeigt er Ihnen alle Techniken und Tricks, mit denen Sie Ihr Thema und Bildkonzept jederzeit selbst zügig auf den Punkt sowie Strich für Strich ausdrucksstarke Icons und Figuren flüssig aufs Papier bringen. Und mit seinem Entwurfsfinder haben Sie auch immer eine passende Vorlage zur Hand – von der Agenda bis hin zum Essenzplakat.

Dieses Buch wurde mit größter Sorgfalt geschrieben und hergestellt. Sollten Sie dennoch einmal einen Fehler finden oder inhaltliche Anregungen haben, freue ich mich, wenn Sie mit mir in Kontakt treten. Für Kritik bin ich dabei ebenso offen wie für lobende Worte. Doch nun wünsche ich Ihnen viel Erfolg beim Visualisieren und Präsentieren am Flipchart!

**Ihre Isabella Bleissem**
Lektorat Vierfarben
isabella.bleissem@rheinwerk-verlag.de

# Auf einen Blick

Wir hoffen, dass Sie Freude an diesem Buch haben und sich Ihre Erwartungen erfüllen. Ihre Anregungen und Kommentare sind uns jederzeit willkommen. Bitte bewerten Sie doch das Buch auf unserer Website unter **www.rheinwerk-verlag.de/feedback**.

An diesem Buch haben viele mitgewirkt, insbesondere:

**Lektorat** Isabella Bleissem
**Korrektorat** Petra Schomburg, Hilter-Borgloh
**Herstellung** Janina Brönner
**Typografie und Layout** Vera Brauner
**Einbandgestaltung** Julia Schuster
**Coverbild** Volker Voigt
**Satz** III-Satz, Husby
**Druck** Grafisches Centrum Cuno, Calbe

Dieses Buch wurde gesetzt aus der TheSans (10 pt/14,5 pt) in FrameMaker.
Gedruckt wurde es auf chlorfrei gebleichtem Offsetpapier (90 g/m²).
Hergestellt in Deutschland.



Bibliografische Information der Deutschen Nationalbibliothek:
Die Deutsche Nationalbibliothek verzeichnet diese Publikation in der Deutschen Nationalbibliografie; detaillierte bibliografische Daten sind im Internet über *http://dnb.d-nb.de* abrufbar.

**ISBN 978-3-8421-0710-6**

1. Auflage 2020


Vierfarben ist eine Marke des Rheinwerk Verlags. Der Name Vierfarben spielt an auf den Vierfarbdruck, eine Technik zur Erstellung farbiger Bücher. Der Name steht für die Kunst, die Dinge einfach zu machen, um aus dem Einfachen das Ganze lebendig zur Anschauung zu bringen.

Informationen zu unserem Verlag und Kontaktmöglichkeiten finden Sie auf unserer Verlagswebsite **www.rheinwerk-verlag.de**. Dort können Sie sich auch umfassend über unser aktuelles Programm informieren und unsere Bücher und E-Books bestellen.

# Inhalt

## Kapitel 9

# Materialien zum Buch

Auf der Webseite zu diesem Buch stehen folgende Materialien für Sie als PDF zum Download bereit:

- **Vorlagen und Musterplakate**
- **Übungsblätter zur Moderationsschrift**
- **Container, Grundformen und Pfeile – Zeichenanleitungen im Überblick**
- **Figuren zeichnen – die kompletten Anleitungen**
- **Zeichenschule – Weitere Piktogramme und Icons**

Für den Nachvollzug und die Bearbeitung des folgenden Workshops ist der Download nicht erforderlich. Die Materialien können Sie vor allem später als Kopiervorlagen und zusätzliche Übungsblätter nutzen – aber natürlich auch schon jetzt, um u. a. auch einige der im Buch gezeigten Plakate, größere Visualisierungen und Zeichenanleitungen zusätzlich auf Papier auszudrucken – ob nun im DIN-A4- oder DIN-A3-Format.

Gehen Sie auf *www.rheinwerk-verlag.de/flipchart_4979*. Klicken Sie auf den Reiter **Materialien zum Buch**. Sie sehen die herunterladbaren Dateien samt einer Kurzbeschreibung des Dateiinhalts. Klicken Sie auf den Button **Herunterladen**, um den Download zu starten. Je nach Größe der Datei (und Ihrer Internetverbindung) kann es einige Zeit dauern, bis der Download abgeschlossen ist.

# Kapitel 1
# Warum sich Visualisierung lohnt

Schön, dass Sie sich entschieden haben, künftig (noch mehr) mit Visualisierung zu arbeiten! Falls Sie sagen: »Zeichnen? Kann ich nicht!« – mit diesem Buch können Sie sich selbst vom Gegenteil überzeugen. Zeichnen ist erlernbar, und Visualisierung, zu der im weitesten Sinne letztlich auch handgeschriebener Text gehören kann, bereichert den Präsentationsalltag im Beruf – ob nun im Unternehmen, Seminar oder Studium.

Wenn ich von Visualisierung spreche, meine ich damit vor allem das Zeichnen mit Stiften auf Papier. Visualisierung ist aber letztlich mehr als das. Auch das digitale Zeichnen auf dem Tablet gehört dazu, wie Sie im folgenden Kapitel 2, »Analog versus digital«, lesen können. Oder das Zeigen von Gegenständen. In allen Fällen geht es aber um eine bildhafte Darstellung. Visualisierung hat dabei immer die Eigenschaft, als Kommunikationsmittel eingesetzt zu werden.

In diesem Buch geht es in erster Linie um die Visualisierung auf dem Flipchart. Oder, um es direkt vorwegzuschicken, um das Zeichnen auf großformatigen Papieren. Dieses Visualisierungsmedium hat bestimmte Charakteristika, die sich von denen von Präsentationssoftware und beispielsweise *Sketchnoting* (dem Zeichnen in einem Heft oder Buch) unterscheiden.

Was ist das Besondere am Flipchart? Es ist zum einen ein analoges Präsentationsmedium und sticht dadurch in der tendenziell digitalen Berufswelt heraus, wird also als außergewöhnlich wahrgenommen und bewertet. Zum anderen hängt damit das »Handwerk des Zeichnens« zusammen, das Menschen häufig begeistert. Das Flipchart bietet die Möglichkeit, Visualisierung vorzubereiten oder im Laufe einer Veranstaltung zu erweitern bzw. zu erstellen – das funktioniert bei digitalen Präsentationsformen oft nicht. Der »Aufwand«, der damit verbunden ist, wird häufig als hoch oder zumindest als höher im Vergleich zu anderen Präsentationsformen eingeschätzt und damit als wertschätzend gegenüber der Gruppe wahrgenommen. Ein weiterer Vorzug ist, dass sich das Flipchart hervorragend als Gruppenarbeitsformat in Meetings, Workshops, Besprechungen etc. nutzen lässt und auch aus diesem Grund positiv konnotiert ist. Es ließe sich an dieser Stelle noch eine Reihe von Vorzügen aufzählen, die das Arbeiten mit dem Flipchart auszeichnen – doch finden Sie es im Laufe des Buchs und vor allem während Ihrer Visualisierungsprojekte selbst heraus. Dabei wünsche ich Ihnen sehr viel Spaß!

## Visualisierung in Business und Wissensarbeit

Für welche Zwecke können Sie Visualisierung nun konkret einsetzen? Um es auf den Punkt zu bringen: Visualisierung ist wie gesagt keine Kunst, es ist eine Methode, sich selbst und anderen Komplexes einfach verständlich zu machen – und das themen- und branchenunabhängig. Visualisierung ist damit seit jeher ein effektives didaktisches Mittel für alle, die in der Wissensarbeit tätig sind. Zunehmend ist es aber auch zu einem modernen Verfahren für die Abbildung von Themen in Unternehmen geworden. Kurz gesagt: Visualisierung macht Business sichtbar.

**Abbildung 1.1** *Die drei zentralen Funktionen von Visualisierung auf den Punkt gebracht: Kommunikation, Kreativität und Konzentration*

Zu jedem Unternehmensthema kann auf diese Weise bereits Bekanntes und noch Unbekanntes bewusst vor Augen geführt, detailliert betrachtet und bewertet werden. So werden Prozesse, Kommunikation und Wissenstransfer erfolgreicher. Optimal einsetzen lässt sich das Werkzeug der Visualisierung in den drei großen Aufgabenbereichen unserer Zeit: Kommunikation, Kreativität und Konzentration.

## Was Sie in diesem Buch erwartet

Der Anspruch dieses Buches ist es, Ihnen aus der Praxis für Ihre eigene Praxis einen Mehrwert zu vermitteln. Als Dienstleister für visuelle Unternehmenskommunikation durfte ich schon viele praktische Herausforderungen annehmen und stets neue Aufgabenstellungen bearbeiten, und diese Erfahrung möchte ich mit Ihnen teilen.

**Abbildung 1.2** *Der Anspruch dieses Buches ist es, ein echter Begleiter für Ihre Praxis zu sein.*

Natürlich gibt es in der Praxis verschiedene Wege, professionelle Flipchart-Plakate und Visualisierungen generell zuwege zu bringen; ich habe mich für einen Weg entschieden, der es auch Einsteigern ermöglicht, einzelne Elemente intensiv zu erlernen und, mit zunehmender Sicherheit, zu vorzeigbaren Ergebnissen zu kommen. Neben dem methodischen Rüstzeug zur Konzeption und Durchführung von Visualisierungen am Flipchart möchte ich Ihnen in der Zeichenschule, die Sie auf den farbig hinterlegten Seiten finden, vor allem auch die Technik des Zeichnens Schritt für Schritt nahebringen. Meiner Erfahrung nach stellt dies auch bei schon erfahrenen Flipchart-Moderatoren häufig mit die größte Hürde dar.

Dabei ist es mein Ziel, dass Sie nach diesem Visualisierungsworkshop einen erkennbaren Qualitätsunterschied in Ihren Visualisierungen feststellen werden. Dieser Qualitätsunterschied wird spätestens bei gezeichneten Figuren offensichtlich. Daher lernen Sie in diesem Buch auch, Figuren zu entwerfen, die etwas hermachen und mit denen Sie sich von alltäglichen Flipchart-Plakaten deutlich abheben.

Gleichzeitig sind diese Figuren Ihre Visualisierungshelfer im gesamten Buch. Darf ich vorstellen?

**Abbildung 1.3** *VISU-Al ...*

**Abbildung 1.4** *... und VISU-Elle*

Die beiden führen Sie durch die Kapitel und durch die einzelnen Schritte. Gleichzeitig dienen sie sozusagen als Blaupause für Sie, um daraus eigene Charaktere zu entwickeln, die sich auch am Flipchart schnell und ausdrucksstark zeichnen lassen. (Den Workshop dazu finden Sie in Kapitel 10, »Figuren zeichnen mit VISU-Elle und VISU-Al«.)

Über Ihr Feedback freue ich mich. Schreiben Sie mir gern an: *hallo@visualisierungs-fuchs.de*.

## Kopieren ausdrücklich erwünscht!

Beim Visualisieren geht es keineswegs darum, noch nie Dagewesenes zu kreieren, sondern Kommunikation erfolgreich zu gestalten. Daher: Kopieren Sie meine Beispielbilder, wenn sie sich zur Darstellung Ihrer Ideen eignen und wenn es Ihnen vor allem am Anfang hilft! Hauptsache ist, dass Sie die Technik nach und nach verinnerlichen. Etwas zu kopieren muss ja auch nicht zwangsläufig bedeuten, dass Sie Zeichnungen durchpausen oder eins zu eins nachzeichnen. Sie können die jeweilige Idee, die der Umsetzung in ein Bild zugrunde liegt, kopieren und dennoch in Ihrem eigenen Stil gestalten. Lassen Sie sich also inspirieren! Im Stichwortverzeichnis am Ende des Buches finden Sie übrigens u. a. auch Anregungen, wie Sie eine abstrakte Idee, einen Sachverhalt und Ähnliches in ein Bild umsetzen können. Im Fall von Abbildung 1.5 führen Sie etwa die Stichworteinträge *Kopieren*, *Nachahmung*, *Spiegelung* bzw. *Verdoppelung* auf diese Seite hier.

**Abbildung 1.5** *Ob als Blaupause oder Inspirationsquelle – nutzen Sie die im Buch dargestellten Beispielbilder ganz konkret, um Ideen für Ihre eigene Visualisierungsarbeit zu gewinnen!*

## Die visuelle Kommunikation – eine Erfolgsgeschichte

Es geschah vor 40.800 Jahren: In der Höhle von La Castillo in Spanien entstand die erste von Menschen erstellte Visualisierung weltweit! Es handelt sich um die sog. *rote Scheibe*. Seitdem entwickelten Menschen aus diesen ersten Bildern Kunst und Handwerk in diversen Qualitäten, Darstellungsformen und mit unterschiedlichen Themen. Nur so können wir im Jahr 2020 einen Blick in die Vergangenheit werfen und einen Einblick in den Alltag dieser Zeit bekommen. Das fasziniert und begeistert uns noch heute.

**Abbildung 1.6** *Lange vor der Schrift gab es die Visualisierung.*

Damit ist die Visualisierung, also die Darstellung von Sachverhalten mittels Bildern, deutlich älter als die Schrift. Forscher streiten sich, wann genau die erste Schrift entstand – frühestens vor knapp 8.300 Jahren, vermutlich aber sogar erst vor gut 7.500 Jahren. Historisch gesehen ist die bildhafte Darstellungsform also zuerst da gewesen.

Heute erlebt die »Höhenmalerei« ein wahrhaftes Revival. Lassen Sie mich hierfür nur ein Beispiel nennen: Social Media. Der »Daumen hoch« hat wie jedes andere Emoticon eine klare Aussage. Wie damals kommunizieren wir also, ohne dass uns das immer bewusst wäre, zunehmend mittels Visualisierung miteinander. Auf unseren Smartphones finden sich haufenweise Icons. Ein Blick genügt, um zu wissen, welches Programm sich dahinter verbirgt. Mit Icons lassen sich ganze Geschichten erzählen und Texte emotionaler gestalten. Diese Kommunikationsform ist aus unserer Welt gar nicht mehr wegzudenken.

## Visuelle Kommunikation als Universalsprache

Der Grund dafür, warum in unserer Zeit visuelle Kommunikation zunehmend an die Stelle der verbalen Kommunikation tritt, liegt auf der Hand. Visualisierung ist eine Sprache, die im Prinzip universell funktioniert, die also die Hürden von Kommunikation deutlich reduziert, wenn nicht sogar eliminiert. Bilder sind eine universell verständliche Sprache – *Bildsprache* eben.

**Abbildung 1.7** *Visualisierungen überwinden Kommunikationshürden.*

Ein Beispiel: In Abbildung 1.7 sehen wir einen Baum. Fragen Sie eine Spanierin, einen Engländer, einen Griechen, eine Chinesin und eine Russin nun, was sie sehen. Dann werden Sie folgende Antworten bekommen: árbol, tree, δέντρο, 树 und дерево.

Universell verständlich heißt in diesem Zusammenhang also einfach: Gelingt es, eine bildliche Darstellung zu erstellen, die jeder versteht, gibt es keine Sprachbarrieren mehr. Es braucht keinen Übersetzer. Und damit ist Visualisierung höchst effizient!

Auf der anderen Seite bietet Visualisierung zugleich die Möglichkeit, Individualität und Diversität abzubilden. Schauen wir uns das am Beispiel des Baumes an. Geben wir den gerade genannten Personen die Aufgabe, einen Baum zu zeichnen, ist es sehr wahrscheinlich, dass wir fünf verschiedene Bäume zu sehen bekommen. Das ist großartig, denn jeder kann sich auf seine Weise ausdrücken – und wird trotzdem verstanden.

Was bedeutet das konkret für den Einsatz im Businesskontext? Eine Sprache zu haben, die vom Azubi bis zum Vorstand, vom Handwerker bis zum Kaufmann, von Jung und Alt verstanden wird, ist ein echter Mehrwert und Wettbewerbsvorteil.

Kommunikation ist im Unternehmen *der* Erfolgsfaktor schlechthin. Je besser die Kommunikation (nach außen wie nach innen) funktioniert, desto erfolgreicher ist auch das Unternehmen. Kommunikation dient dabei auch immer der Beeinflussung von Menschen. Menschen sollen dazu gebracht werden, unsere Produkte und Dienstleistungen zu kaufen. Oder wir möchten die besseren Argumente haben, um Zustimmung zu erhalten. Es gibt ganz unterschiedliche Ziele, die wir mit Kommunikation erreichen wollen. Deswegen ist es entscheidend zu wissen, wie Kommunikation funktioniert.

## Wissen – ein Dreiklang

Kommunikation dient aber natürlich auch der Vermittlung von Wissen in Form von Informationen. Studien belegen, dass Menschen ca. 90% aller Informationen über die Augen aufnehmen; die restlichen 10% werden über Hören, Riechen, Schmecken und Fühlen wahrgenommen. Ist der Gesichtssinn als primärer Wahrnehmungskanal gestört, verlagert sich die Informationsaufnahme auf einen anderen Sinn oder auch auf mehrere andere Sinne.

Allerdings reicht die Wahrnehmung allein nicht aus; Informationen müssen verarbeitet, d. h. verstanden, und schließlich auch behalten, also erinnert werden, damit sie zu Wissen werden.

**Abbildung 1.8** *Der Dreiklang: Wahrnehmen, Verstehen und Behalten*

## Wahrnehmen

Prinzipiell ist es uns unmöglich, sämtliche Informationen, die wir über unsere fünf Sinne (Sehen, Hören, Fühlen, Schmecken und Riechen) wahrnehmen, auch bewusst zu verarbeiten. Unser Gehirn filtert von vornherein Wichtiges von Unwichtigem und verarbeitet nur das, was wirklich relevant ist, weiter. Dadurch behalten wir jedoch noch lange nicht alles. Und schon gar nicht auf Dauer.

**Abbildung 1.9** *Mit der Wahrnehmung fängt alles an.*

## Verstehen

Gelingt es nicht, so zu kommunizieren, dass das Vermittelte verstanden werden kann, also nachvollziehbar wird, bricht die Kette im Dreiklang an dieser Stelle ab. Verstehe ich beispielsweise die gesprochene Sprache nicht, habe ich keine Chance, zu verstehen, was gemeint ist. Sehe ich etwas, das ich noch nie gesehen habe oder nicht richtig einordnen kann, gilt das Gleiche. Es ist also elementar, Kommunikation so zu gestalten, dass sie verständlich ist.

**Abbildung 1.10** *Kommunikation muss nachvollziehbar sein.*

## Behalten

Auch für das Behalten von Informationen gibt es fünf Kanäle, die sich aber von den Wahrnehmungskanälen (den Sinnen) selbst unterscheiden. Wir behalten Dinge, indem wir sie hören, sehen, aussprechen und besprechen und indem wir sie selbst tun. Beim Behalten werden die Kanäle addiert. Je mehr Kanäle angesprochen sind, umso höher ist auch die Chance, dass die Informationen erinnert werden. Über diese Kanäle kommen 90% »Behaltenschance« zusammen. Die Sinneskanäle sind dabei nur marginal beteiligt.

**Abbildung 1.11** *Je mehr Kanäle beteiligt sind, umso höher ist der Lerneffekt.*

Man kann anstatt Behalten natürlich auch Lernen sagen. Wir behalten bzw. lernen Dinge, die für uns wirklich relevant sind. Wenn wir einen Vortrag hören, liegt die Behaltenschance bei ca. 20%. Wenn wir dazu noch etwas zu sehen bekommen, erhöht sich die Chance, das präsentierte Wissen zu behalten, um weitere 30%. Wenn wir das Wissen jetzt noch selbst anwenden können, steigt die Chance, etwas zu verinnerlichen, um weitere 40% – dabei ungefähr gleich verteilt auf die beiden Lernwege, etwas noch einmal selbst aufzuschreiben oder es mit eigenen Worten zu wiederholen.

Vor allen Sinnen steht der Behaltenskanal über das Sehen auch hier wieder an erster Stelle. Diesen Kanal zu bedienen ist daher eine große Erfolgschance, die sich für Ihre individuelle Zielerreichung bietet. Denn genau darum geht es bei der Präsentation von Informationen: Wir möchten mit unserer Kommunikation im Gedächtnis bleiben bzw. wollen, dass unsere Informationen behalten werden. Und das ist sicher auch der Grund dafür, warum Sie dieses Buch in

Händen halten – weil Sie Informationen und Wissen erfolgreich präsentieren möchten, in diesem Fall visuell.

Auch wenn Sie damit noch ganz am Anfang stehen sollten – jeder Weg führt bekanntlich über verschiedene Meilensteine, wie es etwa die folgende Abbildung 1.12 zeigt.

**Abbildung 1.12** *Jeder Entwicklungsprozess hat verschiedene Etappen.*

Welche Möglichkeiten Sie haben, um Entwicklungsprozesse abzubilden, erfahren Sie übrigens in Kapitel 12, »Der Entwurfsfinder«. Das hier gezeigte Musterplakat ist Teil der »Materialien zum Buch«, die Ihnen als Download auf der Webseite zum Buch zur Verfügung stehen.

# Kapitel 2
# Analog versus digital

Die Kapitelüberschrift mag Sie ein wenig überraschen. In diesem Buch soll es doch ganz konkret um das Visualisieren am Flipchart bzw. auf großformatigen Papieren gehen. Und nun kommt doch wieder das Digitale ins Spiel? Für mich ist das kein Widerspruch. Denn auch wenn ich Ihnen hier im Workshop selbst ausschließlich die analoge Variante Schritt für Schritt vermittle, ist es mir wichtig, Ihnen gleich zu Beginn deutlich zu machen, dass Ihre Arbeit am Flipchart vom Einsatz digitaler Technik nur profitieren kann. Dabei gibt es für beide Verfahren Für und Wider, und daher möchte ich Ihnen in diesem Kapitel gern die jeweiligen Vor- und Nachteile vor Augen führen. Vielleicht stellen Sie ja fest, dass Ihnen nur eine Variante liegt, oder Sie nutzen beide Visualisierungsformen in unterschiedlichen Projektphasen oder je nach Präsentationskontext wechselweise.

**Abbildung 2.1** *Es gibt gute Gründe für beide Medienformate.*

## Visualisieren mit Tablet und Software

Direkt vorweg: Ich persönlich empfehle Ihnen, die digitalen Möglichkeiten in Ihre Visualisierungsarbeit einzubeziehen bzw. diese als Option zu nutzen, um schließlich auch Ihre analogen Ergebnisse zu perfektionieren. Nach meiner Erfahrung geben Einsteiger ihr Vorhaben zu schnell auf und nutzen Visualisierung dann nach ersten Versuchen gar nicht mehr für sich, da sie bestimmten Überzeugungen anhängen. Das sind allem voran Glaubenssätze wie: »Ich kann einfach nicht zeichnen!«. Oder sie scheuen den Aufwand, der ihnen zu hoch erscheint.

**Abbildung 2.2** *Glaubenssätze wie »Ich kann nicht zeichnen!« sind nicht gerade produktiv für Fortschritte in der Visualisierungsarbeit.*

Digitales Arbeiten lässt Sie deutlich schneller Erfolge erzielen, als das analog möglich ist. Ich hätte gern früher die Möglichkeit gehabt, digital zu arbeiten, aber in den 80er- und 90er-Jahren meiner Kindheit und Jugend waren Tablets noch nicht mal denkbar.

Stellen Sie sich vor, Sie möchten eine Figur zeichnen. Der Kopf und das Gesicht sind Ihnen gelungen. Jetzt verzeichnen Sie sich beim Körper – die Proportionen passen nicht. Sie streichen Ihre Zeichnung durch und fangen neu an.

**Abbildung 2.3** *Das analoge Zeichnen hat vor allem zu Beginn so seine Tücken.*

Beim nächsten Versuch gelingen Ihnen die Beine Ihrer Figur nicht. Wieder wegstreichen. Nach weiteren Fehlversuchen, die beim Trainieren ganz natürlich sind, werfen Sie das Blatt irgendwann weg.

**Abbildung 2.4** *Den zur Verfügung stehenden Platz und die Proportionen auf dem leeren Blatt Papier richtig einzuschätzen fällt anfangs naturgemäß schwer.*

Vielleicht geht das blätterweise so weiter. Am Ende haben Sie gar keine Figur gezeichnet, aber jede Menge Frust. Rechnen Sie besser damit, nicht gleich ein perfektes Ergebnis zu erzielen, und lassen Sie sich davon dennoch nicht entmutigen!

**Abbildung 2.5** *Frust und Arbeit für den Papierkorb gehören beim analogen Visualisieren einfach dazu.*

## Die Möglichkeit zu revidieren und zu reproduzieren

Beim digitalen Arbeiten mit dem Tablet erleben Sie diese Frustration eines missglückten Entwurfs nicht in dem Ausmaß wie auf Papier. Hier können Sie beispielsweise jederzeit einen Schritt rückgängig machen. Die Beine Ihrer Figur gefallen Ihnen nicht? Kein Problem. Ein Klick, und schon können Sie es noch mal versuchen. Umgekehrt erlaubt die Software auf dem Tablet, gelungene Schritte einfach zu wiederholen.

**Abbildung 2.6** *Einzelne Schritte rückgängig machen oder wiederholen statt alles durchzustreichen und von vorn zu beginnen*

Die Proportion des Kopfes passt nicht zu der des Körpers? Kein Problem. Markieren Sie den Bereich, den Sie anpassen möchten, und vergrößern oder verkleinern Sie ihn per Gestensteuerung. Natürlich ist auch das Verschieben bei einer ungünstigen Platzierung auf der Arbeitsfläche kein Thema.

**Abbildung 2.7** *Das Auswählen von einzelnen Bereichen und das Verschieben sind hervorragende Korrekturoptionen beim digitalen Zeichnen.*

Die Möglichkeit, am Tablet Elemente zu reproduzieren, reduziert vor allem in der Trainings- und Entwurfsphase den Aufwand enorm. Sie brauchen mal schnell fünf Häuser? Kein Problem. Kopieren Sie doch einfach das eine, das Sie bereits zu Ihrer Zufriedenheit gezeichnet haben.

**Abbildung 2.8** *Machen Sie es sich einfach, und nutzen Sie in der Entwurfsphase die Kopiermöglichkeit.*

Sie sehen schon, worauf ich hinauswill. Wenn es Ihnen mit dem Visualisieren langfristig ernst ist und Sie von Anfang an Spaß beim Trainieren haben möchten, dann empfehle ich Ihnen, sich zusätzlich zu Ihrer Arbeit am Flipchart ein Tablet und ein entsprechendes Zeichenprogramm zuzulegen. Empfehlenswert sind die Apps *Concepts*, *Sketchnotes*, *SketchBook* und *ProCreate*. Damit kommen Sie sehr zügig zu Ergebnissen, die Ihnen gefallen werden und die Sie motivieren, weiterzumachen und sich – neben dem Zeichnen – zunehmend auf konzeptionelle Aspekte oder Präsentationstechniken beim Visualisieren zu konzentrieren.

Neben den bekannten und vor allem auch für die professionelle Weiterbearbeitung am PC gedachten Illustrationsprogrammen *Adobe Photoshop*, *Adobe Illustrator* oder auch *Corel Painter* gibt es auch geeignete Software, die sogar komplett kostenlos zur Verfügung steht, wie die pixelbasierten Programme *GIMP*, *Krita* und *Autodesk Sketchbook* oder das Vektor-Grafikprogramm *Inkscape*. Unter dem Suchbegriff »Zeichenprogramm Freeware« werden Sie im Netz sicher fündig. Auf der vertrauenswürdigen Seite *www.chip.de* der gleichnamigen Computerzeitschrift online haben Sie die Möglichkeit, sich näher über den Funktionsumfang der entsprechend getesteten Programme zu informieren und diese auch gleich herunterzuladen.

## Das Tablet als Projektübersicht nutzen

Ein Tablet mit einem digitalen Zeichenprogramm unterstützt Sie aber nicht nur dabei, nach und nach Ihr persönliches »visuelles Vokabelheft« aufzubauen – auch für das Projektmanagement bietet es diverse Vorteile.

**Abbildung 2.9** *Eigene Bibliotheken nutzen, verschiedene Projekte anlegen, nach Dateinamen suchen – beim digitalen Arbeiten können Sie verschiedene Filter- und Sortierfunktionen nutzen und legen alles an einem Ort ab.*

Langes Blättern können Sie sich sparen, wenn Sie digital arbeiten. Bei manchen Programmen können Sie eigene Bibliotheken anlegen und nach Dateinamen suchen. Das erleichtert es Ihnen, die Übersicht über Ihre Projekte zu behalten. Und: Sie wissen immer, dass Sie Ihre Visualisierungen auch unterwegs auf jeden Fall dabeihaben. Bei einem analogen Sketchbook ist das Auffinden von Zeichnungen doch mit deutlich mehr Zeitaufwand verbunden – vor allem, wenn die gesuchte Visualisierung in einem älteren Buch zu Hause ist. Natürlich spart das auch jede Menge Platz und nicht zuletzt Papier.

## Digitale Dateien teilen bzw. senden

Einer der größten Vorzüge von digitalen Visualisierungen ist, dass Sie diese auf verschiedenen Wegen mit anderen problemlos teilen können. Kolleginnen und Kollegen können dann mit den erhaltenen Dateien sogar weiterarbeiten. Oder Sie senden Ihrem Kunden eine kurze visuelle Zusammenfassung Ihres Gesprächs – einfach von unterwegs.

**Abbildung 2.10** *Digitale Visualisierungen können ganz einfach weitergegeben werden.*

## Dateiformate

Ihre Dateien liegen je nach Software in verschiedenen Dateiformaten vor. Viele digitale Zeichenprogramme erstellen Vektorgrafiken. Diese bieten die beste Bildqualität, denn Vektoren errechnen jeden Bildpunkt live. Egal, wie weit Sie in Ihr Bild herein- oder aus ihm herauszoomen – es bleibt immer gestochen scharf. Das ist gerade für den Einsatz in Print- und Onlinemedien optimal.

Darüber hinaus können Sie aber auch pixelbasierte Dateiformate wählen. Dabei handelt es sich um gängige Bilddateiformate wie *.jpg* oder *.png*. Gerade

Letztere könnten interessant für Sie sein. Diese Dateien zeichnen sich dadurch aus, dass sie transparente Bildbereiche haben. Das heißt, dass Sie die Grafiken auch variabel in *Microsoft PowerPoint* und anderen Präsentationsprogrammen wie *Prezi* einsetzen können. Die ausgewählte Bildqualität lässt sich häufig auch noch individuell anpassen.

Das Arbeiten mit digitalen Zeichnungen bietet aber noch weitere Vorteile, die ich Ihnen in den nächsten Abschnitten kurz vorstelle.

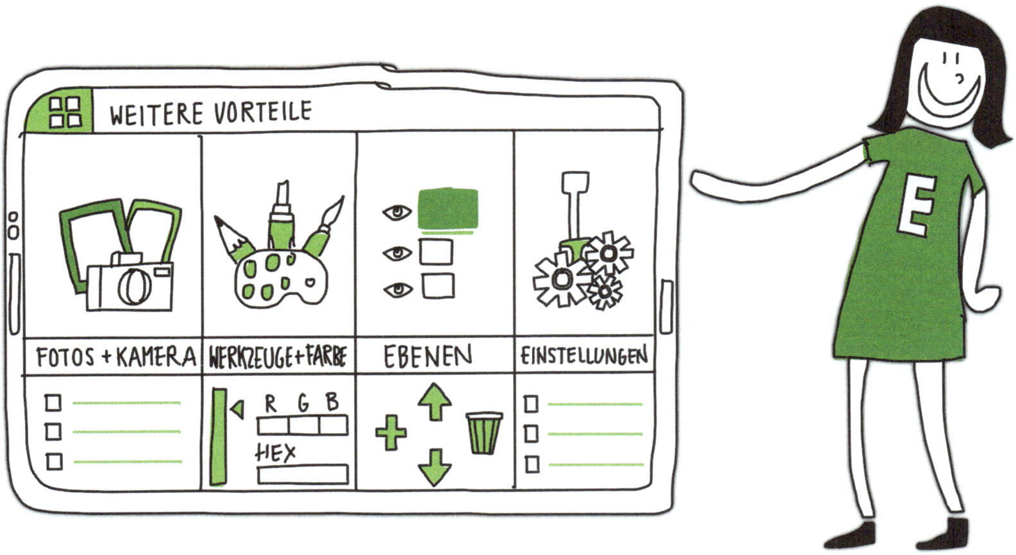


**Abbildung 2.11** *Beim digitalen Zeichnen stehen Tools, Ebenen und Einstellungen zur Verfügung.*

## Fotofunktion für Vorlagen

Sie wollten schon immer mal Porträts zeichnen? Oder das Logo Ihrer Firma möglichst original nachzeichnen? Dann machen Sie doch einfach mit der Tablet-Kamera ein Foto, oder fertigen Sie je nachdem gleich einen Screenshot vom Bildschirm Ihres Tablets mit dem entsprechenden Foto bzw. Logo an. Jetzt laden Sie das Bild einfach in Ihr Zeichenprogramm und zeichnen das Porträt oder Logo nach. Danach löschen Sie die Vorlage aus dem Zeichenprogramm heraus – nun können Sie das fertige Ergebnis in all Ihren Visualisierungen verwenden.

## Farbeinstellungen

Bei vielen Programmen können Sie sehr umfangreiche Farbeinstellungen vornehmen. Das heißt, Sie können sogar die Original-Unternehmensfarbe aus dem Corporate Manual aus den zur Verfügung stehenden Farbspektren einstellen. Farben (siehe dazu auch Kapitel 4, »Farbe als Gestaltungselement«) sorgen für Wiedererkennbarkeit und bieten eine Möglichkeit zur Identifikation. Sie sind daher ein zentrales Markenelement.

## Mit Ebenen arbeiten

Häufig braucht man mehrere Ebenen zum Arbeiten – beispielsweise eine für die sog. *Outlines*, also die Umrisse und Linien von Zeichnungen, eine andere für die *Coloration*. Gerade zu Beginn des Zeichentrainings hilft es enorm, diese verschiedenen Ebenen zu nutzen. Sie können diese meist auch nachträglich sortieren. Falls einmal etwas durcheinandergekommen ist, sind Sie damit immer auf der sicheren Seite.

Mehr zum Thema Ebenen beim analogen Zeichnen erfahren Sie im Kasten »Ebenen beim Zeichnen beachten« in Kapitel 10, »Figuren zeichnen mit VISU-Elle und VISU-Al«.

## Werkzeugeinstellungen

Sie möchten gern mit einer Pinselspitze arbeiten? Oder einen Graffitieffekt mit der Sprühdose integrieren? Darf's vielleicht Pastellfarbe oder ein Füller sein? Machen Sie doch! Einfach einstellen und loszeichnen.

## Zeit, Geld, Frust – noch mehr Ersparnis

Wenn Sie analog arbeiten, müssen Sie für jede Farbe, die Sie verwenden wollen, auch einen Extrastift kaufen. Das geht unter Umständen ganz schön ins Geld. Und Stifte werden leer. Ihr Tablet vielleicht auch, aber ein wenig Strom reicht, damit es wieder voll einsatzbereit ist.

Auch wenn Sie sich für den Kauf einer leistungsfähigen Software entscheiden – diese zahlt sich erfahrungsgemäß schon nach kurzer Zeit aus.

**Abbildung 2.12** *Die Investition in ein digitales Zeichenprogramm bringt am Ende eine Ersparnis.*

## Fehlt das »echte Gefühl«?

Als klassischer Nachteil des digitalen Zeichnens wird häufig angeführt, dass dabei das gewünschte Feedback des digitalen Stifts beim Zeichnen fehle. Das war auch lange Zeit auf den meisten Tablets der Fall – das Gefühl, mit einer Plastikspitze auf Glas herumzurutschen. Beim Zeichnen mit einem digitalen Stift ist es vor allem früher also zu einer Verzögerung zwischen der Handführung und dem Strich auf dem Bildschirm gekommen, oder der ausgeführte Strich wurde – infolge der fehlenden Rückmeldung – nicht präzise genug wiedergegeben. Insgesamt fehlte die Haptik, das vertraute Gefühl, wie mit einem Stift auf Papier zu zeichnen.

**Abbildung 2.13** *Tablets und digitale Zeichenprogramme haben eine spürbare Entwicklung vollzogen.*

Meiner Ansicht nach kann man diesen Nachteil mittlerweile vernachlässigen. Die heutigen Stifte sind sehr hochwertig, genau, gut zu halten, und sie vermitteln einem beinahe das echte Schreib- und Zeichengefühl. Auch mit dem Finger lässt sich nun hervorragend auf einem Display zeichnen, weil sich die Geräte und die Software deutlich verbessert haben.

## Visualisieren mit Stift und Papier

Einer der großen Vorteile der analogen Darstellungsform ist die »Unformatigkeit«. Was bedeutet das? Wenn Sie eine PowerPoint- oder eine Prezi-Präsentation vorführen, sind Sie auf das Ausgabeformat 4:3 bzw. 16:9 festgelegt. Das ist bei Papier nicht (zwangsläufig) so. Grundsätzlich können Sie endlos lange Papierbahnen zusammenkleben oder ganze Wände nutzen, um darauf zu visualisieren. Gerade bei Live-Visualisierungsformaten wie dem *Graphic Recording* ist das simultane Zeigen ein deutlicher Vorzug des analogen Arbeitens gegenüber digitalen Präsentationsformen.

## Lassen Sie sich nicht von Formaten begrenzen!

Auch wenn Papier über DIN-Formate definiert ist und vor allem das Flipchart wenig Spielraum hinsichtlich der Papiergröße zulässt, empfehle ich Ihnen für Ihre Arbeit, keineswegs nur in diesen festgelegten Größen zu denken. Beschränken Sie Ihre Visualisierungen also nicht von vornherein auf das gewohnte Blatt-für-Blatt-Prinzip, sondern denken Sie prinzipiell darüber hinaus. Gerade das macht die analoge Visualisierung zu einem ganz eigenen Präsentationsformat – unabhängig von dem beim Computer, Projektor oder Flatscreen genutzten Bildseitenverhältnis von 16:9.

**Abbildung 2.14** *Kleiner oder auch größer? Machen Sie sich frei von Papierformaten!*

Überlegen Sie sich immer zuerst, was Ihre Visualisierung alles zeigen und verdeutlichen soll, und wählen Sie dann das richtige Papierformat aus. Wenn alles auf ein Flipchart-Blatt passt: wunderbar! Wenn nicht: auch gut! Kleben Sie einfach mehrere Plakate zusammen, oder nutzen Sie eine sog. Endlospapierrolle. Da haben Sie immerhin rund 25 Meter am Stück, um sich auszutoben.

**Abbildung 2.15** *Drehen Sie das übliche Vorgehen um: erst das Visualisierungskonzept überlegen, dann das Papierformat wählen!*

## Handarbeit – ein ganz besonderer Look

Am Strich des Stiftes kann man viel erkennen. Wie stark wurde aufgedrückt, hat der Strich einen Stärkeverlauf? Das hat auch etwas Emotionales. Viele Menschen empfinden Handgezeichnetes als ästhetisch und beeindruckend. Vor allem, wenn sie live beobachten können, wie ein Bild entsteht, fasziniert das viele Menschen.

## Papier ist »geduldig«?

Ein großer Nachteil beim analogen Zeichnen ist, dass alles beim ersten Mal sitzen sollte. Haben Sie sich verzeichnet, gibt es nur drei Optionen:

1. Sie lassen es so, und jeder sieht den Fehler.
2. Sie fangen an, zu korrigieren und Ihren Fehler zu beheben – das kostet Zeit.
3. Sie fangen noch einmal neu an – das kostet Zeit und Nerven.

Letztlich ist keine der Optionen ideal. Der Aufwand beim analogen Zeichnen, zumal, wenn es zu Fehlern kommt, ist ohne Zweifel deutlich höher als beim digitalen Arbeiten, wo sich dies häufig mit einem Klick beheben lässt.

**Abbildung 2.16** *Beim analogen Zeichnen stehen tatsächlich nicht die Korrekturmöglichkeiten wie beim digitalen Arbeiten zur Verfügung.*

Wenn Ihnen in der Praxis etwas Gravierenderes passiert, sollten Sie versuchen, einzuschätzen, vor wem Sie präsentieren und ob es zielführender ist, einen Fehler zu belassen oder doch zu beheben. Zu den Teilnehmenden werden Sie im Vorfeld ohnedies Überlegungen anstellen. Bei den meisten Menschen lässt sich vieles auch mit etwas Humor positiv wenden. Und, keine Sorge, schließlich macht Übung den Meister, und so werden Sie mit diesem Workshop und mit der Zeit am Flipchart auch immer sicherer, sodass Sie Ihre Chance auch zu nutzen wissen.

## Umweltschutz

Papier verbraucht Ressourcen! Sicher nicht so viel wie andere Produkte. Doch im Vergleich zum digitalen Arbeiten ist das Thema nicht von der Hand zu weisen. Ein Grund mehr, nicht direkt am Flipchart zu starten und dann viele Plakate wegwerfen zu müssen, wenn es nicht direkt passt. Starten Sie also der Umwelt zuliebe immer erst mit einem DIN-A4-Blatt. Damit reduzieren Sie Ihren Papierverbrauch deutlich.

**Abbildung 2.17** *Besser klein anfangen – auch der Umwelt zuliebe!*

Mein Fazit: Arbeiten Sie soweit es geht digital vor, und nutzen Sie – auch mit zunehmender Übung – die analoge Darstellungsform.

**Abbildung 2.18** *Wie so oft – die Mischung macht's!*

# Kapitel 3
# Stift ist nicht gleich Stift – das richtige Setup

Um analog zu visualisieren, braucht es nicht viel – aber eine gewisse Auswahl an Stiften sollten Sie sich doch anschaffen. Als Grundausstattung empfehle ich Ihnen Folgendes:

- einen Bleistift (vor allem für Einsteiger in die Visualisierungstechnik)
- Je einen Fasermaler mit Rundspitze (ca. 1 mm Strichstärke) – beispielsweise *Stabilo Pen 68* – in den Farben Schwarz, Grün und Grau; statt Grün können Sie unabhängig von diesem Workshop natürlich auch eine andere »Leitfarbe« verwenden.
- Je einen Marker mit Keilspitze – beispielsweise *Neuland TwinOne* – in den Farben Schwarz, Mittel- bis Dunkelgrün und Hellgrau (Farben 400, 405 oder 402, 101); für den schwarzen Marker kommt alternativ auch ein Marker mit Rundspitze infrage.

**Marker von Neuland nur im Internet erhältlich**
Die von mir empfohlenen Marker von Neuland können Sie weder im niedergelassenen Künstlerbedarf noch im Bürobedarfs-Ladengeschäft erwerben. Sie können diese ausschließlich online bestellen. Das lohnt sich aber, denn in Kombination mit dem Papier des Herstellers sind Sie gegen Durchfärben abgesichert. Die Stifte können zudem wieder befüllt werden, was die Umwelt schont und Kosten spart. Im stationären Handel finden Sie aber natürlich auch alternative Stifte – lassen Sie sich einfach beraten.

Auf diese Utensilien sollten Sie ebenfalls nicht verzichten:

- DIN-A4-Papier
- Radiergummi
- Zeichenunterlage zum Schutz des Tisches

**Auf Nummer sicher gehen – Zeichenunterlage verwenden**

Da ich nicht voraussetzen kann, dass Sie die von mir empfohlenen Markenstifte benutzen, rate ich Ihnen dazu, auf jeden Fall eine Zeichenunterlage zu verwenden, damit ein ärgerliches Durchfärben auf den Tisch oder andere Untergründe vermieden wird. Die meisten Tinten sind nämlich permanent und gar nicht mehr oder nur sehr schwer aus Textilien oder von Oberflächen zu entfernen. Vom verwendeten Papier hängt das ebenfalls ab. Gehen Sie in diesem Fall also lieber auf Nummer sicher! Ob Sie dafür eine alte Zeitung oder eine gekaufte Zeichenunterlage aus dem Künstlerbedarf nehmen, ist natürlich Ihnen überlassen.

In den folgenden Abschnitten zeige ich Ihnen, in welcher Phase Sie welche Stifte benötigen.

**Abbildung 3.1** *Der Stifteeinsatz in der Entwurfsphase (E) und der Präsentationsphase (P)*

## Der Bleistift als Wegbereiter

Ein Bleistift ist ein nicht zu unterschätzendes Utensil für den Einstieg in die Visualisierung, sowohl in der Entwurfsphase als auch in der Präsentationsphase. Die Striche können im Fall der Fälle ja einfach wegradiert werden.

**Abbildung 3.2** *Der Bleistift ist das Mittel der Wahl beim Vorzeichnen.*

Nutzen Sie den Bleistift, um die sog. *Outlines* vorzuzeichnen – entweder auf dem DIN-A4-Papier in der Vorbereitung oder auf dem Flipchart-Papier in der Präsentation. Outlines sind die Außenlinien einer Figur bzw. eines jeden Visualisierungsmotivs. Im Abschnitt »Figur in Bewegung – eine weitere Variante zeichnen« in Kapitel 10, »Figuren zeichnen mit VISU-Elle und VISU-Al«, zeige ich Ihnen, worauf es dabei im Detail ankommt.

**Abbildung 3.3** *Mit dem Bleistift zeichnen Sie Outlines in der Entwurfsphase ...*

**Abbildung 3.4** *... und Outlines in der Präsentationsphase vor.*

Auch bei der Strukturierung auf dem Blatt – ob nun DIN A4 oder Flipchart – ist der Bleistift aufgrund seiner Eigenschaft, dass seine Striche mit einem guten Radiergummi spurlos beseitigt werden können, für die ersten Versuche ideal geeignet. Sie können verschiedene Ansätze mit dem Bleistift so lange stehen lassen, bis Ihnen die Struktur zusagt. Nachdem Sie dann mit dem Fasermaler oder Marker Ihren Favoriten nachgezeichnet haben, radieren Sie schließlich einfach sämtliche Bleistiftstriche weg – und alles sieht so aus, als wäre es beim ersten Versuch gelungen.

Ein Bleistift ist wenig erklärungsbedürftig. Dennoch ist es vielleicht nicht unwichtig, daran zu erinnern, dass es verschiedene Härtegrade gibt. Falls Ihnen der Bleistift, den Sie zur Hand haben, sehr hart erscheinen sollte – ich empfehle Ihnen, höchstens einen mittelharten, tendenziell jedoch eher einen weicheren

Stift zu nehmen. Im örtlichen Geschäft für Künstler- oder Bürobedarf wird man Sie dazu sicher gern beraten.

**Abbildung 3.5** *Mit einem Bleistift kann nur eine Strichstärke erzeugt werden.*

## Die Fasermaler als Nachzeichner und Entwurfswerkzeuge

Die Fasermaler kommen vor allem in der Entwurfsphase zum Einsatz. Sie eignen sich daher zum Zeichnen auf DIN-A4-Papier.

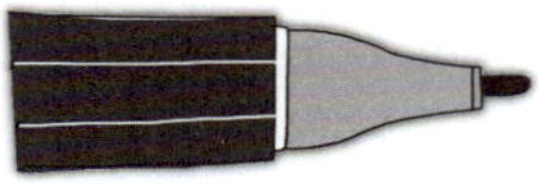

**Abbildung 3.6** *Empfehlenswert sind Fasermaler mit Rundspitze.*

Mit dem schwarzen Fasermaler zeichnen Sie vorgezeichnete Bleistiftlinien nach oder zeichnen Ihre Outlines gleich frei Hand.

**Abbildung 3.7** *Der schwarze Fasermaler ist ideal zum Zeichnen der Outlines in der Entwurfsphase.*

Neben der Revidierbarkeit von Fehlern besteht ein weiterer Vorteil des Vorzeichnens mit Bleistift darin, dass Sie beim Nachzeichnen wenig absetzen müssen – schließlich wissen Sie ja, wohin welche Linien führen. Das ergibt ein insgesamt besseres Visualisierungsergebnis.

Dennoch – auch wenn sich der Fasermaler natürlich nicht wegradieren lässt – empfehle ich Ihnen doch sehr: Springen Sie eher früher als später ins kalte Wasser, trauen Sie sich, möglichst bald von vornherein mit dem Fasermaler zu visualisieren, ohne alles immer mit dem Bleistift vorzuzeichnen. Das sorgt umso schneller für einen sicheren Umgang mit dem Stift, der nachher auch zu sehen ist. Und das Vorzeichnen mit dem Bleistift ist natürlich auf Dauer auch doppelte Arbeit, die man vermeiden kann. Das Gleiche gilt für die Marker, die Sie später auf dem Flipchart-Papier verwenden werden.

Bei der Arbeit mit dem Fasermaler empfehle ich Ihnen, eine etwas breitere Rundspitze zu verwenden. Damit gelingen prinzipiell immer gleiche Linienstärken, was Ihren Visualisierungen einen gleichmäßigen Look verleiht.

**Abbildung 3.8** *Mit einer etwas breiteren Rundspitze gelingen gleichmäßige Linienstärken.*

**Arbeiten Sie zügig!**
Wenn Sie den Fasermaler länger auf eine Stelle halten, bildet sich im schlimmsten Fall ein Tintenfleck. Auch wenn Sie mehrfach auf derselben Stelle zeichnen, wird das vermutlich passieren. Daher noch einmal der Tipp: Setzen Sie so wenig wie möglich ab! Versuchen Sie Ihre Linien in einem Schwung durchzuzeichnen, um diese dickeren Stellen zu vermeiden.

## Fasermaler für Farbakzente

Wenn Sie auch Ihre Entwürfe colorieren wollen, dann starten Sie mit dem Fasermaler in Grün durch. Füllen Sie alle Flächen aus, oder entscheiden Sie sich für ein paar Farbakzente.

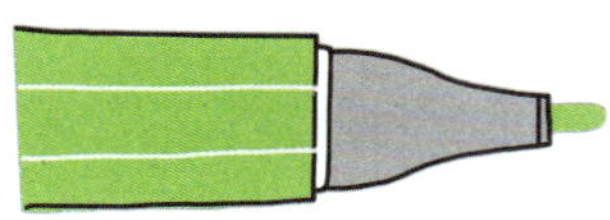

**Abbildung 3.9** *Der grüne Fasermaler eignet sich für die Coloration in der Entwurfsphase.*

Lassen Sie sich gern auch von Ihren Visualisierungshelfern VISU-Elle und VISU-Al inspirieren, die Sie bereits im ersten Kapitel kurz kennengelernt haben und die

Sie in Kapitel 10, »Figuren zeichnen mit VISU-Elle und VISU-Al«, selbst zeichnen lernen. Hier werden Sie sehen: Es braucht nicht immer komplett farbig gefüllte Flächen, manchmal reichen auch ein paar Streifen, um Farbe und damit auch eine Individualisierung ins Spiel zu bringen.

**Abbildung 3.10** *Mit dem Fasermaler lassen sich auch ganze Flächen farbig füllen.*

Gerade in der Entwurfsphase kann das flächige Ausmalen viel Zeit kosten. Beachten Sie dabei, dass Sie mit dem Fasermaler auch beim Einfärben von Flächen möglichst eine einheitliche Strichstärke erzeugen. Wie Sie in der Präsentationsphase die sog. *Nass-in-Nass-Technik* für ein ansprechendes Ergebnis einsetzen, lesen Sie übrigens später noch im Kasten »Professionell ausmalen« in Kapitel 10, »Figuren zeichnen mit VISU-Elle und VISU-Al«.

**Abbildung 3.11** *Auch hier gilt: Mit dem Fasermaler erzeugen Sie immer nur einen Strich gleicher Stärke.*

**Colorieren in der Vorbereitungs- und Entwurfsphase?**
Wenn es in der Vorbereitung auf ein Projekt zeitlich eng wird, besteht beim Colorieren bestes Zeitsparpotenzial! Dann reicht es aus, erst in der Präsentation auszumalen. Für ein »visuelles Vokabelheft«, das Sie nach und nach mit Ihren Figuren, Icons und mehr füllen können, sollten Sie aber durchaus die Coloration nutzen – nicht nur zum Üben, sondern auch zu Ihrer eigenen Motivation. Glauben Sie mir, immer wenn Sie Ihr Heft auf der Suche nach der Übersetzung eines Begriffs oder abstrakten Sachverhalts in ein Bild aufschlagen, werden gerade die Farben Sie regelrecht anspringen.

## Fasermaler für Schattierungen

Wenn Sie einen Entwurf coloriert haben, sollten Sie ihn auch schattieren.

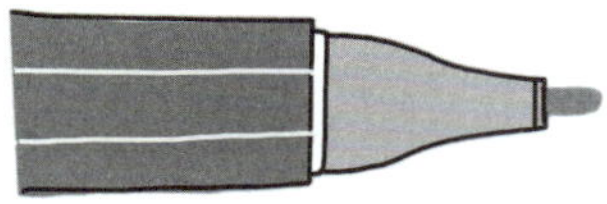

**Abbildung 3.12** *Mit dem grauen Fasermaler kann schattiert werden.*

Die »graue Eminenz« unter den Fasermalern eignet sich für Schattierungen in der Entwurfsphase. Auch beim Schattieren sollten die Linien möglichst flüssig, d. h. in einem durch gezeichnet werden.

**Abbildung 3.13** *Auch die Schattierung sollte gleichmäßig erscheinen.*

Entscheiden Sie sich unbedingt für eine Seite, auf der alle Schatten gezeichnet werden. Hier sollten Sie möglichst genau sein, denn falsche Schattierungen nimmt das Auge sehr schnell als störend wahr. Das passiert zwar bei den meisten Betrachtern ganz unbewusst, es wirkt sich aber dennoch nachteilig auf eine positive Wahrnehmung aus.

**Abbildung 3.14** *Entscheiden Sie sich bei Schattierungen unbedingt für eine Seite!*

Im folgenden Abschnitt geht es nun zum Flipchart-Papier. Wenn Sie hieran arbeiten, benötigen Sie andere Stifte – die Marker.

## Die Marker als Präsentationswerkzeuge

Direkt vorweg: Falls Sie sich bei den Markern für die Outlines nicht für eine Version entscheiden können, nehmen Sie am besten sowohl einen schwarzen Marker mit Keilspitze als auch einen mit Rundspitze. Die Rundspitze ist dem Fasermaler am ähnlichsten und könnte Ihnen daher eher liegen.

**Abbildung 3.15** *Marker gibt es mit einer Rundspitze (oben) und einer Keilspitze (unten) zu kaufen.*

Die schwarzen Marker können Sie für folgende Zwecke einsetzen:

- Outlines in der Präsentation zeichnen bzw. nachzeichnen
- Text am Flipchart schreiben
- Visualisierungen in der Präsentation colorieren

**Vor der Präsentation Marker und Papier prüfen!**
Bevor Sie mit Ihren Zeichnungen am Flipchart loslegen, sollten Sie zunächst prüfen, ob die Marker auf dem Papier durchfärben. Dafür sind nicht ausschließlich die Stifte verantwortlich, sondern es ist dabei auch die Qualität des verwendeten Papiers entscheidend. Bei der Verwendung des Papiers auf dem Flipchart-Ständer ist das kein Problem; falls Sie das Papier aber an der Wand befestigen und dort arbeiten, kann das zu Ärger führen.

Zuerst zeichnen Sie immer die Outlines. Haben Sie diese zunächst mit dem Bleistift vorgezeichnet und in der Entwurfsphase mit dem Fasermaler auf einem DIN-A4-Blatt nachgezeichnet, werden diese nun im dritten Schritt per Marker auf das Präsentationspapier übertragen.

**Abbildung 3.16** *Mit dem schwarzen Marker bringen Sie die Outlines aufs Flipchart.*

**Abbildung 3.17** *Anschließend colorieren Sie mit dem farbigen oder auch schwarzen Marker.*

Nutzen Sie den schwarzen Marker für die Outlines auf dem Flipchart-Papier, ganz gleich, mit welcher Spitze Sie arbeiten möchten. Auch um Flächen schnell zu füllen, können Sie einen schwarzen Marker mit Rund- oder Keilspitze nutzen. In der Regel bieten sich dafür aber eher die farbigen Marker an, damit Ihre Outlines nicht verschwinden. Und natürlich können Sie einen schwarzen Marker generell auch gut für Ihre Texte – beispielsweise in Sprechblasen – verwenden.

Hinsichtlich der verwendeten Stiftspitzen ergeben sich aber durchaus unterschiedliche Resultate. Mit der Rundspitze erzeugen Sie wie beim Bleistift und Fasermaler immer nur eine Linienstärke.

**Abbildung 3.18** *Beim Marker mit Rundspitze ergibt sich eine Strichstärke.*

Die Keilspitze bietet dagegen die Möglichkeit, ohne Stiftwechsel verschiedene Strichbreiten zu erzeugen.

**Abbildung 3.19** *Mit der Keilspitze eines Markers lassen sich gleich drei Strichstärken erzeugen.*

## Marker zum Colorieren

Mit farbigen Markern sorgen Sie für die jeweils gewünschte emotionale Wirkung und verleihen Ihren Visualisierungen zusätzlich Struktur. Empfehlenswert für die Coloration ist dabei ein Marker mit Keilspitze. Durch die verschiedenen Strichstärken lassen sich so wahlweise schnell Flächen füllen oder auch kleine Ecken ausmalen.

**Abbildung 3.20** *Ein farbiger Marker mit einer Keilspitze eignet sich perfekt für die Coloration am Flipchart.*

Insgesamt können Sie den farbigen Marker für folgende Zwecke einsetzen:

- Coloration in der Präsentation
- Text am Flipchart schreiben
- Farbakzente in der Visualisierung setzen

Setzen Sie mit einer Farbe bzw. mit mehreren Farben Akzente – beispielsweise, indem Sie für einen bestimmten Texttyp (Überschrift, Spiegelpunkte, wörtliche Rede in Sprechblasen) jeweils immer denselben farbigen Marker verwenden. Oder nutzen Sie die Farben, um entsprechende Rahmen zu zeichnen.

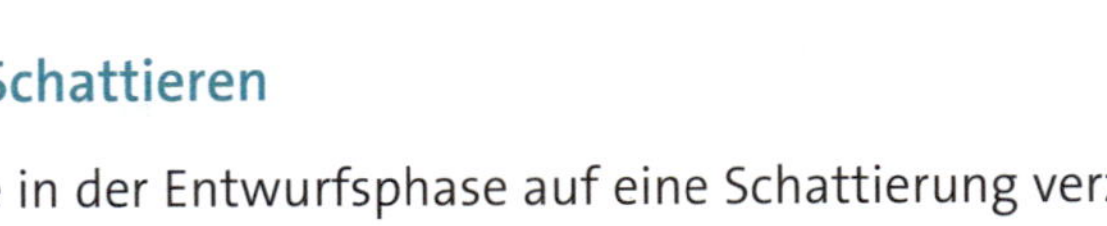

**Abbildung 3.21** *Drei Strichstärken für unterschiedliche Anwendungen: Ausmalen, Farbakzente setzen, Text schreiben bzw. Rahmenlinien ziehen*

## Marker zum Schattieren

Auch wenn Sie in der Entwurfsphase auf eine Schattierung verzichtet haben – spätestens in der Präsentation sollten Sie sich dieses Mittel zunutze machen. Mit dem grauen Marker erzeugen Sie einen Schatten als wichtiges Visualisierungsdetail. Dadurch erhält Ihre gesamte Präsentation Kontur und Tiefe, alles wirkt dadurch plastischer.

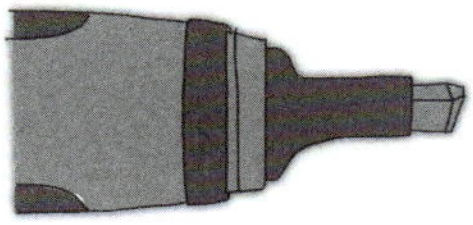

**Abbildung 3.22** *Ein grauer Marker mit einer Keilspitze gibt Ihren Visualisierungen Kontur und Tiefe.*

Den grauen Marker verwenden Sie vor allem für folgende Zwecke:

- Schattierung in der Visualisierung
- Coloration am Flipchart
- Farbakzente in der Präsentation setzen

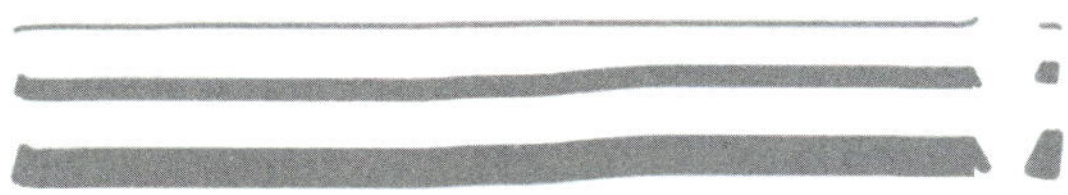

**Abbildung 3.23** *Ob Schattierung, Coloration oder Farbakzent – der graue Marker mit Keilspitze bietet drei Strichstärken.*

Die Schattierung erfolgt dabei immer erst nach der Coloration. Dieser kleine Mehraufwand für das Schattieren hat dabei eine große Auswirkung auf die Wahrnehmung des Ergebnisses und sorgt in der Regel für eine höhere Qualität der Visualisierung.

**Abbildung 3.24** *Nach der Coloration ...*

**Abbildung 3.25** *... sorgt ein Schatten für eine plastische Wirkung Ihrer Präsentation.*

Im nächsten Kapitel lesen Sie, was Sie bei der Gestaltung mit Farbe beachten sollten und welche Möglichkeiten sich Ihnen hier bieten.

Informationen und Hinweise zum Papier und dem weiteren Equipment, das Sie für Ihre Arbeit vor Ort benötigen, gebe ich Ihnen in Kapitel 15, »Moderation, Workshopleitung und Graphic Recording«.

Abschließend zeige ich Ihnen noch einmal im Überblick, mit welchen Stiften Sie in welcher Phase am besten arbeiten:

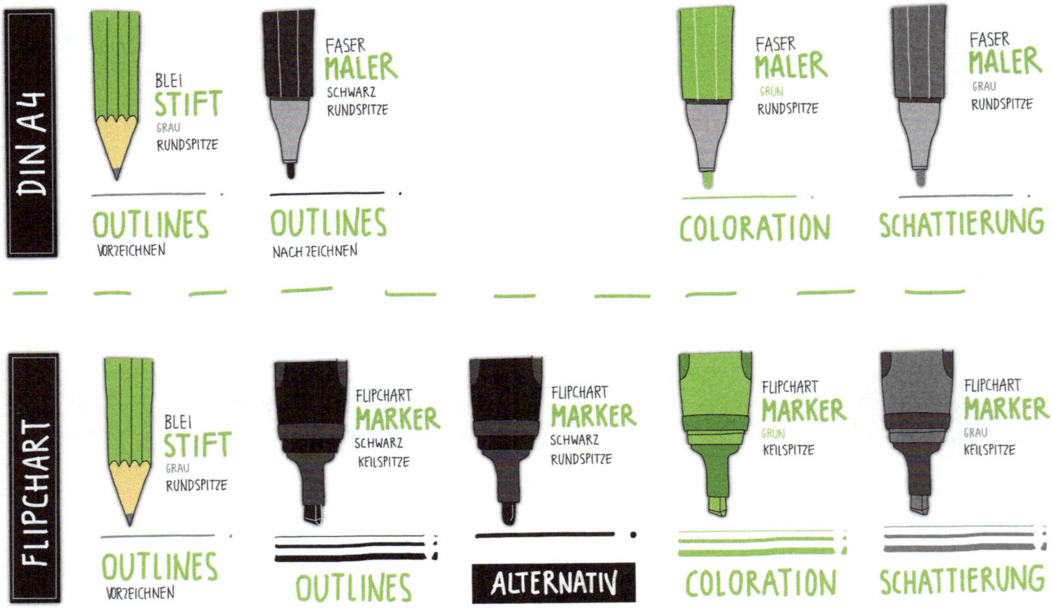


**Abbildung 3.26** *Mit diesen Stiften sind Sie sowohl für die Entwurfsphase als auch für die Arbeit am Flipchart bestens ausgerüstet.*

# Kapitel 4
# Farbe als Gestaltungselement

Mit Farbe zu arbeiten ist definitiv sinnvoll. Farben wirken stark und dabei oft unterbewusst auf uns ein. Schauen wir uns als ein Beispiel den Straßenverkehr an. Rote, gelbe und grüne Lichter in einer bestimmten Reihenfolge kennen wir als Ampeln. Die Visualisierung der verschiedenen Regelungen (fahren, sich bereitmachen loszufahren, zu bremsen bzw. zu stoppen) ist so tief in unserem Bewusstsein verankert, dass sie unser Verhalten automatisch lenken. Würden hier die Farben ausgetauscht, so würde das sicher zu großen Irritationen führen. Dennoch würde die Farbe Rot, auch wenn sie unten, anstelle von Grün, angeordnet wäre, vermutlich bei den meisten erst einmal den Impuls zu stoppen auslösen. Damit es hier zu keinen Verwechslungen kommt, etwa bei Menschen mit einer Rot-Grün-Sehschwäche oder auch mit einer generellen Farbenblindheit, ist die Ampel daher auch doppelt visuell codiert: Das Rotsignal ist stets oben zu finden, die Farbe und die Position wirken zusammen. So sind Strukturen, also die Reihenfolge und Anordnung von Elementen, ein entscheidender Bestandteil visueller Kommunikation. Werden diese durch Farbe unterstützt, so wirken sie noch unmittelbarer und nachhaltiger.

Zurück zur Farbe Rot – sie hat auch außerhalb des Straßenverkehrs eine mahnende Wirkung. Sie signalisiert uns: Vorsicht oder Gefahr! Dadurch werden wir mit einem Blick aufmerksamer. Wir stellen unser Handeln entsprechend auf eine Situation ein, die möglicherweise sofort eine schnelle Reaktion von uns fordert.

Farben haben aber auch große Auswirkungen auf unser Empfinden. Wissenschaftler haben herausgefunden, dass wir Temperaturen in rot gestrichenen Räumen als bis zu 1 °C wärmer empfinden – obwohl der Raum nicht wärmer ist als beispielsweise ein grün gestrichener Raum. Es ist nachgewiesen, dass Farben generell Emotionen hervorrufen und damit letztlich auch unsere Handlungen beeinflussen.

## Monochrome Gestaltung

Schon beim Durchblättern haben Sie sicher festgestellt, dass ich mich in diesem Buch auf wenige Farben beschränke bzw. als einzige »echte« Farbe Grün verwende. Das liegt nicht unbedingt daran, dass es meine Lieblingsfarbe ist. Die monochrome, also einfarbige Gestaltung eignet sich erfahrungsgemäß besonders gut für die Visualisierung am Flipchart – nicht nur aus pragmatischen Gründen, etwa, weil man dann zusätzlich zu den Outline-Markern nicht noch viele weitere Stifte verwenden muss.

Vielmehr gewährleistet eine monochrome Gestaltung auch, dass die Farbgebung in der Regel als angenehm empfunden wird – denn manche Farben passen einfach nicht zusammen. Das Problem von unharmonischen Farbkombinationen entsteht also erst gar nicht, wenn Sie mit einer Farbe arbeiten.

Wie Sie ebenfalls in diesem Buch feststellen können, gibt es innerhalb einer Farbe aber Abstufungen von hell bis dunkel. Meine Empfehlung: Arbeiten Sie bei einer monochromen Gestaltung mit einer Hauptfarbe und einer helleren sowie einer dunkleren Abstufung, sodass Sie insgesamt drei Farbtöne zur Verfügung haben. Damit werden Ihre Visualisierungen zum einen weder zu eintönig noch zu langweilig, zum anderen aber auch nicht zu bunt.

**Abbildung 4.1** *Bekennen Sie Farbe – mit der Entscheidung für eine Hauptfarbe und die entsprechenden hellen und dunklen Farbtöne.*

## Emotionale und kognitive Wirkungen von Farbe

Wie gerade gezeigt, haben Farben Einfluss auf unser Handeln, unser (körperliches) Empfinden und unsere Emotionen. Farben können aber auch entsprechende Botschaften vermitteln und also kognitiv wirken. Im Folgenden gebe ich Ihnen einige wenige Anregungen, wofür Sie Farbe in Ihren Visualisierungen nutzen können – es gibt sicher noch mehr.

### Farbe zur Darstellung von Zusammengehörigkeit und Trennung

Mit Farbe gestaltete Elemente werden meist auf einen Blick identifiziert. Sie sind gewissermaßen primäre Merkmale, die sich auch aus der Distanz unterscheiden bzw. als verbunden wahrnehmen lassen. Das können Sie sich wunderbar zunutze machen, wenn Sie Zusammenhänge darstellen möchten. Sobald Sie eine Farbe für mehrere Elemente verwendet haben, werden dann umgekehrt alle nicht in dieser Farbe gestalteten Elemente automatisch als nicht zusammengehörig, sondern als getrennt davon wahrgenommen. Verschiedene Farben machen somit sinnfällig, wie viele »Parteien« bzw. Bereiche es gibt. Mit Farbe wird Ihre visuelle Kommunikation also auf einfache Weise eindeutig(er).

**Abbildung 4.2** *Farbe signalisiert auf einen Blick, was zusammengehört und was nicht.*

## Farbe für eine schnelle Orientierung und Übersicht

Schon im vorigen Absatz ist es angeklungen: Farbe sorgt dafür, dass man sich schnell orientieren kann. Wenn bestimmte Bereiche mit einer Farbe verknüpft sind, finden wir uns in aller Regel rasch zurecht. Nutzen Sie diesen Effekt ganz bewusst als Gestaltungselement! Kommunikation funktioniert dann besonders gut, wenn Menschen einen Überblick haben, worauf es hinausläuft, bzw. gleich verstehen, was gemeint ist.

**Abbildung 4.3** *Farbe sorgt in der visuellen Kommunikation für Orientierung.*

## Farbe als Identifikations- und Wiedererkennungselement

Jedes Unternehmen hat seine eigene Unternehmensfarbe – oft sogar ein ganzes *Corporate Design Manual* oder zumindest ein Gestaltungsrichtlinien-Buch. Das ergibt Sinn! Denn mit Farbe identifizieren wir die dahinterstehenden Marken sehr schnell. Wenn Sie für ein Unternehmen arbeiten (ob nun Ihr eigenes oder ein anderes), achten Sie unbedingt auch auf die Farbcodierung, und setzen Sie diese bei Ihrer Visualisierungsarbeit bewusst ein.

**Abbildung 4.4** *Marken werden über Farben eindeutig und leicht wiedererkannt.*

So sparen Sie sich möglicherweise sogar Ärger. Stellen Sie sich vor, dass Sie bei einer Versicherung visualisieren, die eine blaue Unternehmensfarbe hat. Wenn Sie hier plötzlich mit einem Rotton arbeiten, wird man Sie sehr wahrscheinlich darauf ansprechen. Vermeiden Sie daher solche »Farbfehler«.

## Farbe, um Effekte zu schaffen

Mit Farben können Sie aber natürlich auch einfach für Hingucker und also für die entsprechende Aufmerksamkeit sorgen. Ein nennenswerter Effekt ist das sog. *Highlighten*. So werden bestimmte Elemente im Gesamtbild hervorgehoben, während andere in den Hintergrund treten.

**Abbildung 4.5** *Schaffen Sie durch Farbe einen Fokus, oder highlighten Sie.*

Mit einem farbigen Rahmen um ein Bild schaffen Sie außerdem eine visuelle Grenze, die den Fokus auf die relevanten Inhalte lenkt. Solche farblichen Hervorhebungen sorgen zudem dafür, dass die freien Flächen auf dem Papier nun nicht einfach als leer, sondern als notwendiger Weißraum zwischen den gestalteten und inhaltlich relevanten Flächen wahrgenommen werden.

Und als weiteren Effekt können Sie Farbe auch alternativ zur Schattierung (die ja meist in Grautönen gehalten ist) einsetzen, um Ihre Zeichnungen optisch interessanter und ansprechender zu machen.

# Kapitel 5
# Grundlagen einer erfolgreichen Visualisierung

Wie jede andere Sprache auch muss Visualisierung verstanden werden. Dafür ist Eindeutigkeit absolut entscheidend. Um Eindeutigkeit zwischen dem Visualisierenden und dem Betrachtenden zu gewährleisten, muss eine gemeinsame Kommunikationsgrundlage vorhanden sein. Das Sender-Empfänger-Prinzip dient als diese Grundlage. Am Symbol der Ampel zeige ich Ihnen meine Vorgehensweise, um mit einer Visualisierung Eindeutigkeit herzustellen. Zum Ampelsymbol selbst bin ich mit der *Dartscheibenmethode* gekommen, die ich Ihnen im folgenden Kapitel 6, »Visualisieren in drei Schritten – Schritt 1: Dartscheibenmethode«, vorstellen werde. Doch zunächst zu der von mir so genannten *Visualisierungsampel* und weiteren Impulsen, die ich Ihnen geben möchte, damit Sie erfolgreich visualisieren.

## Die Visualisierungsampel – drei Faktoren für gelungene visuelle Kommunikation

Wann wirkt ein Bild eindeutig? Die Antwort darauf klingt durchaus etwas abstrakt: Wenn seine Gestaltung, sein Inhalt und sein Kontext von den Betrachtenden mit der gleichen Bedeutung wahrgenommen und verstanden werden, wie sie der Visualisierer intendiert; daraus ergibt sich die Bedeutung insgesamt. Am Beispiel der Ampel lässt sich gut konkretisieren, was ich mit »Bedeutung« meine: Die Ampel muss erstens so gestaltet (gezeichnet) sein, dass sie auch als Ampel erkannt wird. Zweitens muss der Inhalt (die Funktionsweise etc.) dem Empfänger bekannt sein – im Beispiel muss also bekannt sein, dass die Ampel über verschiedene Signallichter verfügt und dass diese im Sinn der Straßenverkehrsordnung eine relevante Bedeutung haben. Und drittens sollte auch der Kontext, in dem das Bild bzw. Symbol steht (hier etwa der durch die Stadt angedeutete Straßenverkehr), auf einem gemeinsamen Sinnverständnis aufbauen. Es ist entscheidend, dass alle drei Kriterien gleichzeitig erfüllt sind, damit die richtige bzw. beabsichtigte Bedeutung der Visualisierung verstanden werden kann.

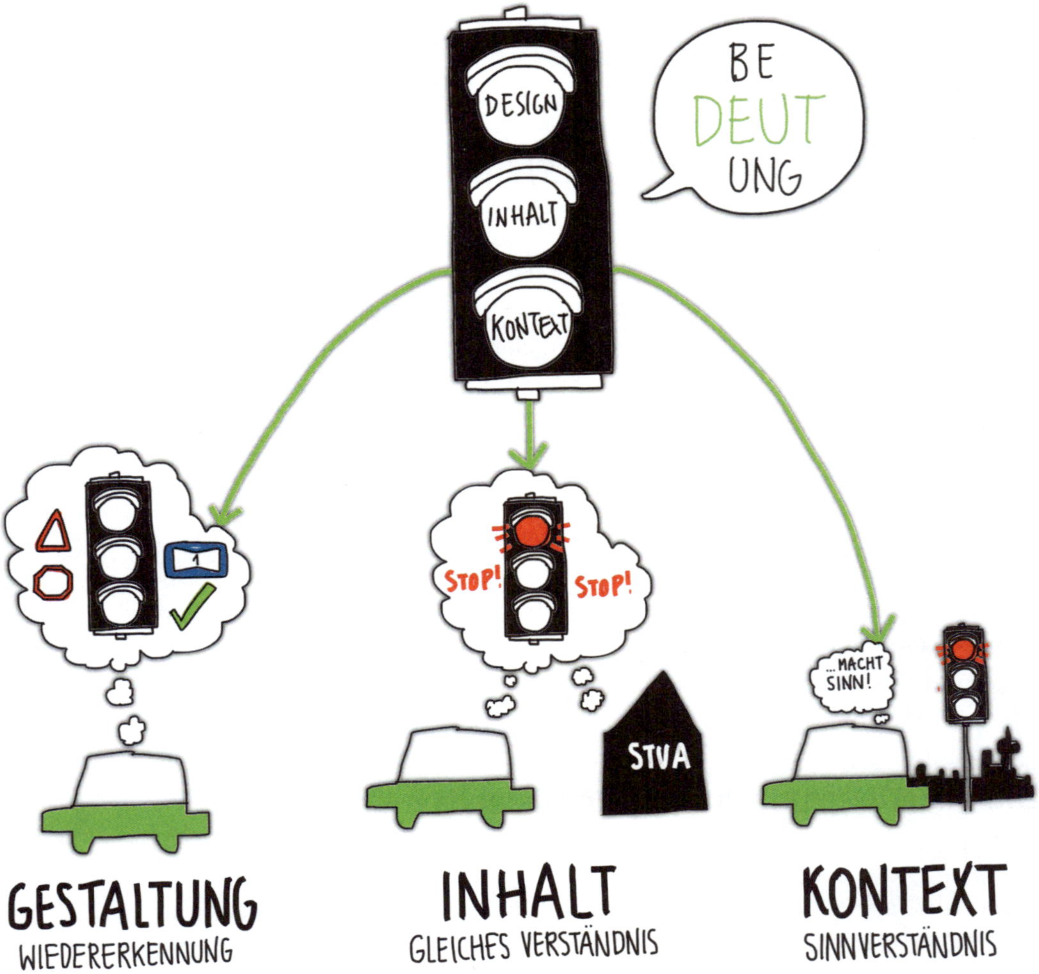


**Abbildung 5.1** *Die Faktoren einer eindeutigen Visualisierung: Gestaltung, Inhalt, Kontext*

Der Betrachtende muss direkt verstehen: »Ah, eine Ampel!«. Auch wenn das nach einer trivialen Einsicht klingt – als Leitfaden für Ihre Visualisierung ist es dennoch zentral. Überlegen Sie also, ob der Betrachtende das Bild, das Sie wählen, kennt und aufgrund Ihrer **Gestaltung** wiedererkennen kann. Diese Wiedererkennung ist die Basis für alles Weitere (hier durch den grünen Haken symbolisiert). Für die Gestaltung kommen potenziell auch andere Möglichkeiten – wie etwa Verkehrsschilder – in Betracht. Durch die Ergänzung eines Pkw und schließlich des roten Signallichts soll gewährleistet sein, dass die Ampel eindeutig erkannt wird.

**Abbildung 5.2** *Die Gestaltung sollte so eindeutig sein, dass sie wiedererkannt wird.*

**Abbildung 5.3** *Sender und Empfänger müssen das gleiche Verständnis haben.*

**Inhalt** meint, dass der Sender und der Empfänger die gleiche Bedeutung des erkannten Bildes konnotieren. Wenn Sie die Ampel mit einem gelben Licht abbilden würden, dann wäre Ihre Botschaft: »Vorsicht, gleich wird die Ampel rot!«. Je nach Verwendungszusammenhang stellen Sie damit also symbolisch eine Situation dar, die bald eine Reaktion erfordert. Steht Ihre Ampel bereits auf Rot, gibt es für die gerade skizzierte Situation keinen Aufschub mehr. Damit die jeweilige Botschaft verstanden werden kann, muss ein gemeinsames Wissen zum Bild bzw. Symbol gewährleistet sein. Im Fall der Ampel spricht die Signalfarbe Rot für sich selbst; bei anderen Bildern könnte es aber notwendig sein, zusätzlich mit Text (hier »Stop!« und »STVA« für Straßenverkehrsamt) zu arbeiten, um ganz sicher zu gehen.

**Kontext** meint, dass auch der Zusammenhang bei der Gestaltung relevant ist und Zustimmung erhält. Eine rote oder auch grüne Ampel im Straßenverkehr ist logisch, sie gehört dorthin. Stünde diese Ampel im Wald, würde sie vermutlich Unverständnis erzeugen. Daher ist es wichtig, sich nicht auf ein Symbol zu verlassen, sondern grundsätzlich einen Bezug zum Thema deutlich zu machen.

**Abbildung 5.4** *Erst im Kontext entsteht ein gemeinsames Sinnverständnis.*

## In Bildern denken

Wir träumen nicht nur, sondern denken letztlich auch in Bildern. Allerdings machen wir uns das im Alltag nicht immer bewusst. Vielleicht gehören Sie bereits zu denjenigen, denen es leichtfällt, sprachlich ausgedrückte Sachverhalte in Bilder zu übersetzen, und Sie möchten mit diesem Buch einfach die technischen Fertigkeiten des Zeichnens erlernen. Wenn Sie dagegen mehr an Ihrer Fähigkeit arbeiten möchten, immer gleich eine anschauliche Idee, gewissermaßen eine Übersetzung in das passende Bild zu finden, empfehle ich Ihnen, öfter einmal Sprichwörter und Redensarten zu lesen und zu sammeln. So stellt sich bei Ihnen nach und nach der Effekt ein, dass Sie künftig Gesprochenes – auch unabhängig von Ihrem Business oder Ihrer Wissensarbeit – in Szenen und Bilder übertragen. Eine Übung, die Sie sich für eine erfolgreiche Visualisierung gut zunutze machen können, denn die feststehenden Wendungen sind häufig nichts anderes als allgemein verständliche Visualisierungen.

Dazu eine kleine Anekdote aus meiner Berufspraxis: Ein Kunde von mir beklagte sich mit den Worten, das sei doch »für die Katz«, über Meetings, die wenig Ergebnisse zutage gefördert hätten. Es hatte sich eingebürgert, dass bestimmte Personen immer wieder lange Monologe hielten und andere Themen einwarfen, die nicht auf der Agenda standen, sodass die angesetzte Zeit regelmäßig überschritten wurde. Dagegen wurde nichts unternommen, weil die betreffenden Personen in der Hierarchie weiter oben standen und sich niemand traute, darauf hinzuweisen. Die visuelle Lösung für eine zielführende Meetingkultur war dann – basierend auf der Redensart – eine Stoffkatze, die von der Meetingleitung an einem Seil an der Wand des Meetingraumes befestigt wurde. Nach ersten verdutzten und belustigten Reaktionen war sie Anlass, dass die Teilnehmenden Kriterien für »schlechte Meetings« festhielten, die als Post-its unter der Katze an der Wand befestigt wurden. Das Wichtige dabei: Alle, auch die Verursacher der Problematik, nahmen das Bild zum Anlass, eine gemeinsame Lösung zu finden. Ohne persönlich werden zu müssen, konnte darauf in der Folge konkret verwiesen werden. Als die »Für-die-Katz«-Themen länger nicht mehr vorgekommen waren, nahm die Meetingleitung die Klebezettel wieder von der Wand – eine gute Möglichkeit, zu loben und zu motivieren.

Vermutlich können Sie sich vorstellen, dass die Meetings, in denen die Stoffkatze eingeführt wurde und die Klebezettel entfernt wurden, lange in Erinnerung bleiben und immer wieder Gesprächsthema sind.

**Abbildung 5.5** *Redensarten und Sprichwörter sind eine hervorragende Quelle für Visualisierungen.*

## Vergleichbares – vom Abstrakten zum Konkreten und umgekehrt

Eine Visualisierung ist im Grunde nichts anderes als ein Vergleich. Sie fühlen sich von Ihrer vielen Arbeit manchmal ausgelaugt und wie gejagt, gewissermaßen »wie im Hamsterrad«? Schon haben Sie eine konkret anschauliche Vorstellung durch den sprachlichen Vergleich gewonnen, so ähnlich wie bereits im vorigen Abschnitt gezeigt. Unsere Sprache ist voll von bildlichen Vergleichen – wie etwa »schlau wie ein Fuchs«. Etwas subtiler sind dabei Metaphern, die auf das Vergleichswort »wie« verzichten, bei denen es sich aber dennoch um bildhafte Vergleiche handelt: der Flaschen-»Hals« (dieser Teil der Flasche sieht aus »wie ein Hals«), der Berg-»Rücken«, aber auch komplexere Bilder wie z. B. »Schmetterlinge im Bauch«.

Spannend wird es, wenn ein Zustand (Überarbeitung), eine Eigenschaft (Klugheit) oder ein Gefühl (Verliebtheit) nicht nur auf einen Gegenstand (Hamsterrad, Fuchs, Schmetterlinge), sondern auf eine Situation übertragen werden. Dabei kommen dann auch Verben und ihre Metaphern ins Spiel: Kunden sollen gewonnen werden, da liegt es doch nahe, sie – mit der in der Visualisierung durchaus zulässigen kleinen Übertreibung – gleich zu »angeln« und zu »ködern«. Das Besondere: Wenn Sie das Bild (Kunde = Fisch, Kundengewinnung = angeln) konsequent weiterdenken, ergeben sich noch mehr Vergleiche. Kunden befinden sich – außer Sicht- und Reichweite des Unternehmens – unter der (Wasser-)Oberfläche, es sollen nur bestimmte »Fische« geangelt werden, diese benötigen einen ganz bestimmten Köder usw. Und schon haben Sie eine Visualisierung zu einer abstrakten Situation geschaffen.

Bei bestimmten Abläufen, Beziehungen, Zusammenhängen assoziieren wir regelmäßig auch ganz andere Themen. Lassen Sie diese Assoziationen zu, und machen Sie sich diese zunutze. Meist sind es einfach verständliche Geschichten und Situationen, die jedem bekannt sind. Sie müssen sie nur erkennen und den Bezug zu Ihrem (Business-)Thema herstellen.

Es funktioniert übrigens auch umgekehrt: Finden Sie einfache Geschichten (auch Märchen und Fabeln) und Alltagssituationen, und überlegen Sie, für welche abstrakte Situation das in der Geschichte konkret Dargestellte stehen könnte.

**Abbildung 5.6** *In der Visualisierung »Kunden angeln« bzw. »Kunden sollen anbeißen« lassen sich viele Aspekte und Fragestellungen gleichzeitig ganz einfach sinnfällig darstellen.*

Bereits in diesem Kapitel habe ich versucht, Ihnen zu vermitteln, dass Kreativität ein Handwerk ist, das man erlernen kann. Im folgenden Kapitel 6, »Visualisieren in drei Schritten – Schritt 1: Dartscheibenmethode«, lernen Sie mit der Dartscheibenmethode nun ein Verfahren kennen, mit dem Sie Ihre Visualisierungsarbeit – gewissermaßen unabhängig von bloßen kreativen Einfällen – ganz handfest und strukturiert planen und umsetzen können.

An dieser Stelle möchte ich Ihnen noch ein Musterplakat zum Thema »Kundengewinnung« zeigen, das Sie auch ohne großen zeichnerischen Aufwand umsetzen können. Sie finden es – neben Zeichenanleitungen u. a. zu den Piktogrammen »Angel« und »Fisch« auch in Ihren Download-Materialien.

**Abbildung 5.7** *Das Bildkonzept »Kunden angeln« kann auch in reduzierter Form als Arbeitsplakat genutzt werden.*

# Kapitel 6
# Visualisieren in drei Schritten – Schritt 1: Dartscheibenmethode

In diesem Kapitel stelle ich Ihnen die *Dartscheibenmethode* als ersten von insgesamt drei Arbeitsschritten vor, gefolgt von der Entwurfsphase in Kapitel 11 und der Präsentationsphase in Kapitel 13. Ich könnte verstehen, wenn Sie sich möglicherweise gerade fragen, ob Sie sich neben den Zeichenübungen und anderem mehr auch noch diese doch sehr theoretisch klingende Phase der Vorbereitung tatsächlich aufbürden wollen. Doch bitte glauben Sie mir: Auch wenn es sich zunächst einmal nach mehr Arbeit anhört, diese Methode dient dazu, dass Sie möglichst effizient arbeiten.

**Abbildung 6.1** *Ein kleiner Vorgeschmack: In etwa so sieht das Ergebnis der Dartscheibenmethode aus.*

Deswegen empfehle ich Ihnen, immer in drei Schritten zu arbeiten:

1. Beginnen Sie stets mit einer im weiteren Sinne kreativen Arbeitsmethode, um sich zunächst einen Überblick darüber zu verschaffen, welche Elemente Sie visualisieren möchten – dazu empfehle ich Ihnen die *Dartscheibenmethode*.
2. Erst wenn Sie damit fertig sind, starten Sie mit Ihrem *Entwurf* auf DIN-A4-Papier.
3. Übertragen Sie Ihren Entwurf in der *Präsentationsphase* auf das finale Präsentationsformat, also beispielsweise ein Flipchart-Plakat.

**Abbildung 6.2** *Erst in einem zweiten Schritt folgt der Entwurf …*

**Abbildung 6.3** *… und schließlich die eigentliche Präsentation.*

Beim Visualisieren besteht die große Gefahr, sich zu verlieren oder unter kreativen Druck zu geraten. Sie starten schließlich mit einem weißen Blatt Papier! Das kann Sie unangenehm anstarren und lähmen. Oder Sie schreiben und zeichnen drauflos und kommen nicht zu einem wirklichen Ende. Arbeiten Sie also lieber mit Plan und Methode, und arbeiten Sie die Aufgabenstellung Schritt für Schritt ab. Ich hoffe, dass Sie dabei vor allem auch die Erfahrung machen, dass Kreativität ein erlernbarer Prozess ist.

Wie funktioniert nun diese Methode, und warum heißt sie Dartscheibenmethode? Beim Darten geht es darum, möglichst die richtigen Felder zu treffen und damit zu punkten. Genauso ist es beim Erarbeiten von Visualisierungen. Die Dartscheibenmethode lehnt sich aber auch an das Aussehen einer Dartscheibe an. Die Dartscheibe hat einen Mittelpunkt – das *Bullseye*. Drum herum befinden sich ringförmig angeordnet die diversen Zahlen, die entsprechend ebenfalls Punkte einbringen.

Die Methode besteht aus vier Phasen, wobei die letzte Phase, das Ergebnis der Methode, wie eine Dartscheibe aussieht. Mit allen Visualisierungen am Ende die Mitte, also das zuvor definierte Thema, zu treffen ist dabei das erklärte Ziel!

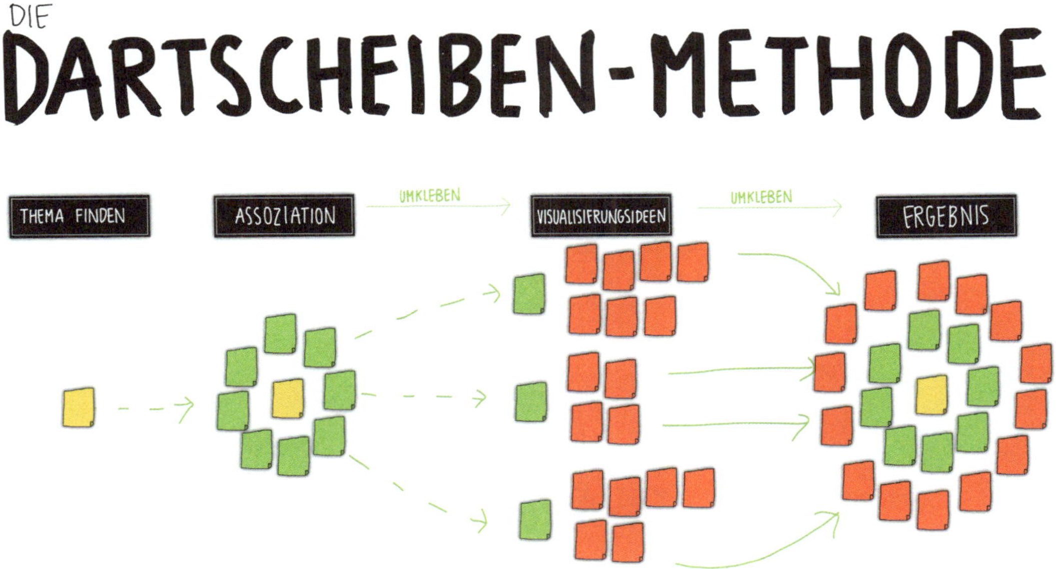


**Abbildung 6.4** *Die einzelnen Phasen der Dartscheibenmethode im Überblick*

In den folgenden Abschnitten zeige ich Ihnen im Detail, wie Sie mit dieser Methode arbeiten. In den ersten drei Phasen definieren Sie zunächst Ihr Thema (Themenfindung bzw. Themenbegrenzung), finden dazu geeignete Unterbegriffe (Wörtersammlung durch Assoziationen) und sammeln entsprechende Visualisierungsoptionen (Bildsammlung). Schließlich treffen Sie durch Zuordnung im Ergebnis Ihre Auswahl (Clustern) und legen dabei die Visualisierungsideen final fest (Visualisierungsideen finden).

**Abbildung 6.5** *Die drei Schritte, die zum Ergebnis der Methode führen: Thema festlegen, Wörtersammlung, Visualisierungsmöglichkeiten finden*

Vorweg: Wenn Sie allein arbeiten, nutzen Sie am besten Klebezettel – in mindestens drei verschiedenen Farben. Arbeiten Sie im Team, eignen sich besser etwas größere Moderationskarten oder auch DIN-A4-Papier – jeweils auch in drei verschiedenen Farben.

**Abbildung 6.6** *Klebezettel oder Papier – drei verschiedene Farben sollten es mindestens sein.*

Abbildung 6.4 soll Ihnen als visuelle Anleitung dienen. Wenn Sie sich bei Ihrer Arbeit prinzipiell an die Phasen der Methode halten, werden Sie sicher bald feststellen, dass Ihnen das hilft, das Thema im Auge zu behalten und sich bei Ihrer assoziativen Tätigkeit und den einzelnen Visualisierungsideen nicht in anderen Themen zu verlieren. Denn diese Gefahr besteht sonst durchaus.

## Themenfindung

Fokussieren Sie sich! Um erfolgreich zu arbeiten, ist ein klar formuliertes Ziel bzw. Thema erforderlich. Daher ist die Antwort auf die Frage »Um was geht es eigentlich?« ein wichtiger Anfang.

**Abbildung 6.7** *Am Anfang steht die Themenfindung.*

Versuchen Sie eine konkrete Formulierung zu finden, die Ihr Thema möglichst präzise beschreibt – und zwar in einem Satz! Vermeiden Sie es dabei möglichst, nur einen Oberbegriff (wie z. B. »Meeting«) zu nutzen. Das macht Ihr Thema sehr oft zu umfangreich. Eigentlich scheint es immer total logisch zu sein, worum es geht. Aber möglicherweise ist es dann doch ungewohnt für Sie, konsequent das Thema zu definieren. Geben Sie nicht auf, falls es Ihnen schwerfällt. Sind es zwei oder drei Sätze, sind Sie noch nicht fertig. Investieren Sie an dieser Stelle so viel Zeit wie notwendig, da es ja darum geht, genau dieses Thema mit Ihrer Darstellung am Ende zu treffen. Nutzen Sie für diese Findungsphase ein DIN-A4-Blatt – oder auch mehrere.

**Abbildung 6.8** *Erfahrungsgemäß manchmal gar nicht so einfach: in einem Satz sagen, worum es geht!*

## Themenbegrenzung

Möglicherweise hilft Ihnen auch die umgekehrte Frage: »Um was geht es (heute/in diesem Meeting etc.) *nicht*?«. Begrenzen Sie sich selbst. Folgen Sie dabei dem Motto »Weniger ist mehr«. Lassen Sie Themenaspekte, die zu viele Fragen aufwerfen könnten, lieber weg.

**Abbildung 6.9** *Begrenzen Sie sich selbst!*

Wenn Sie Ihr Thema gefunden haben und es in einem Satz formulieren können, schreiben Sie diesen Satz auf genau *ein* Post-it, *eine* Moderationskarte oder *ein* DIN-A4-Blatt. Kleben Sie das Papier an die Wand, oder legen Sie es mittig auf den Tisch.

**Abbildung 6.10** *Ihr Thema sollte in einen Satz und auf ein Papier passen!*

## Wörtersammlung durch Assoziationen

Ihre Themenfindung ist beendet. Sie haben eine konkrete und präzise Formulierung gefunden. Jetzt geht es darum, Begriffe zu finden, die zu Ihrem Thema passen. Möglicherweise lassen sich diese bereits aus der Formulierung des Themas selbst ableiten. Häufig ist das aber nicht der Fall. Daher folgt nun die Phase der Assoziation.

**Abbildung 6.11** *Assoziieren Sie nun Wörter bzw. Begriffe, die zu Ihrem Thema passen.*

Nehmen Sie ein neues Blatt Papier, und notieren Sie alles, was Ihnen zu Ihrem Thema einfällt. Erwünscht ist es hier, »out of the box« zu denken. Sammeln Sie alle Begriffe, die direkt oder indirekt zum Thema passen. Schreiben Sie lieber einen Begriff mehr als einen weniger auf! Denn diese Begriffssammlung dient am Ende als Basis für Ihre Visualisierung.

**Abbildung 6.12** *Im Team können Sie die Begriffe natürlich auch gleich auf dem großen Flipchart-Papier sammeln.*

Wenn Ihnen keine Assoziationen mehr einfallen, übertragen Sie schließlich die relevanten Begriffe auf jeweils einen Klebezettel, eine Moderationskarte oder auch ein Blatt Papier.

**Abbildung 6.13** *In Phase zwei der Dartscheibenmethode werden die gesammelten Begriffe auf einzelnen Zetteln benötigt.*

Ordnen Sie diese wie schon in der Übersicht in Abbildung 6.4 gezeigt rund um das Thema an.

**Abbildung 6.14** *Die gesammelten Begriffe sind Assoziationen zu Ihrem Thema.*

Für kreative Prozesse wie diesen ist es sinnvoll, verschiedene Perspektiven einzunehmen, um Inspiration zu bekommen. Idealerweise nutzen Sie bei der Dartscheibenmethode daher das *Brainstorming*. Es ist zwar eine eigenständige Methode, sie kann aber in diesem Zusammenhang auch als reine Arbeitsweise verstanden und genutzt werden.

**Abbildung 6.15** *Brainstorming als Arbeitsweise bei der Dartscheibenmethode*

Auch wenn Brainstorming weitestgehend in der Arbeitswelt anerkannt ist, wird es aus meiner persönlichen Erfahrung viel zu selten verwendet. Das mag daran liegen, dass die Methode oft nicht richtig angewendet wird, oder daran, dass die Ergebnisse nicht zielführend weiterverwendet werden. Brainstorming ist ein wichtiger Schritt zur Lösungsfindung – aber nicht das finale Ergebnis. Wenn Sie sich beim Brainstorming an zwei wichtigen Grundsätzen orientieren, profitieren Sie eher vom Potenzial der Methode.

Die Grundsätze sind:

1. Es gibt keine richtigen und keine falschen Antworten!
2. Sammeln Sie, diskutieren Sie nicht!

Falls Sie allein an Ihrer Visualisierung arbeiten, greifen Sie auf andere Inspirationsquellen wie Suchmaschinen, Thesaurierungs-Programme oder den Duden zurück.

## Bildsammlung

In diesem Zwischenschritt vor dem dritten Schritt der Dartscheibenmethode (siehe dazu auch Abbildung 6.5) geht es nun darum, erste Visualisierungsmöglichkeiten festzuhalten und zu notieren. Ordnen Sie jedem Wort bzw. Begriff entsprechende Bildideen zu. Bereits in Kapitel 5, »Grundlagen einer erfolgreichen Visualisierung«, habe ich Ihnen einige Tipps gegeben, wie Sie von Sprache zu Bildern gelangen. Nehmen Sie die Begriffe wörtlich! Häufig lassen sich Wörter in Teile gliedern. »Pilotprojekt« besteht aus den Worten »Pilot« und »Projekt« – darauf lässt sich ggf. eine geeignete Visualisierungsmöglichkeit aufbauen. Auch hier ist es sinnvoll, Brainstorming als Arbeitsweise zu integrieren.

Sollte es Ihnen an dieser Stelle schwerfallen, Bildideen zu Ihren Begriffen zu finden, können Sie auch schon zum Abschnitt »Visualisierungsideen finden« in diesem Kapitel vorblättern. Hier nenne ich einige Inspirationsquellen, die Sie später – mit zunehmender Erfahrung – vermutlich automatisch nutzen werden. Vor allem auch die Zeichenschule in Kapitel 9, »Zeichnen lernen: Piktogramme und Icons«, soll Ihnen als Anregung dienen und zeigen, wie Sie selbst Bildideen und ihre (möglichen) Bedeutungen festhalten können.

**Abbildung 6.16** *Zu den Begriffen sollen nun verschiedene Visualisierungsmöglichkeiten gefunden werden.*

Halten Sie am Ende alle Ihre ersten Bildideen ebenfalls auf einzelnen Zetteln fest.

## Clustern

Ganz gleich, ob Sie Ihre Wortsammlung allein oder in der Gruppe erstellt haben: Jetzt ist es Zeit zum Aussortieren! Gibt es vielleicht schon einen oder mehrere Begriffe, die Sie begeistert haben, als Sie sie aufgeschrieben haben? Perfekt. Offenbar haben Sie ein gutes Gefühl, damit Ihr Thema darstellen zu können.

Falls das nicht der Fall ist: Gehen Sie jeden Begriff einzeln durch. Nutzen Sie für die Selektion folgende Frage: Lässt sich das überhaupt visualisieren? Entscheiden Sie diese Frage mit Ja oder Nein. Was sich nicht visualisieren lässt, wird konsequent aussortiert. Was sich gut visualisieren lässt, kommt in die engere Wahl.

**Machen Sie sich frei von der Wirklichkeit**
Visualisierung funktioniert wie ein Comic! Sie müssen nicht die Realität abbilden – Sie können eine eigene Realität erschaffen. Denken Sie das bereits in dieser Phase mit.

Sollten Sie beim Clustern weitere Assoziationen finden, schreiben Sie diese natürlich dazu und gehen anschließend nach dem gleichen Selektionsmuster vor.

Wenn Sie alle Begriffe geprüft haben, gehen Sie nach diesem weiteren Zwischenschritt zur dritten Phase der Dartscheibenmethode über.

**Abbildung 6.17** *Alles, was sich nicht visualisieren lässt, fliegt raus.*

## Visualisierungsideen finden

Die für visualisierbar befundenen Begriffe sollen jetzt konkret definiert werden. Die zielführende Fragestellung hierfür ist: Wie sehen die Begriffe später aus? Möglicherweise klingt diese Frage für Sie banal. Bei einem Begriff wie »Auto« ist das auch eine überflüssige Frage. Häufig handelt es sich aber um abstraktere Begriffe. »Toleranz« beispielsweise bedarf einer Antwort auf diese Frage.

Schreiben Sie! Bleiben Sie im Text. Nehmen Sie ein neues Blatt Papier, und halten Sie zu jedem Begriff fest, wie dieser schließlich dargestellt werden soll. Für jede Darstellungsidee nutzen Sie einen eigenen Zettel. Wenn Sie geübt sind, können Sie selbstverständlich auch direkt anfangen, statt der in Worten gesammelten Visualisierungsideen einfache Zeichnungen und Scribbles zu erstellen.

Um die Übersicht zu behalten, kleben Sie zentrale Zettel nach und nach um und ordnen diesen Ihre Visualisierungsideen zu.

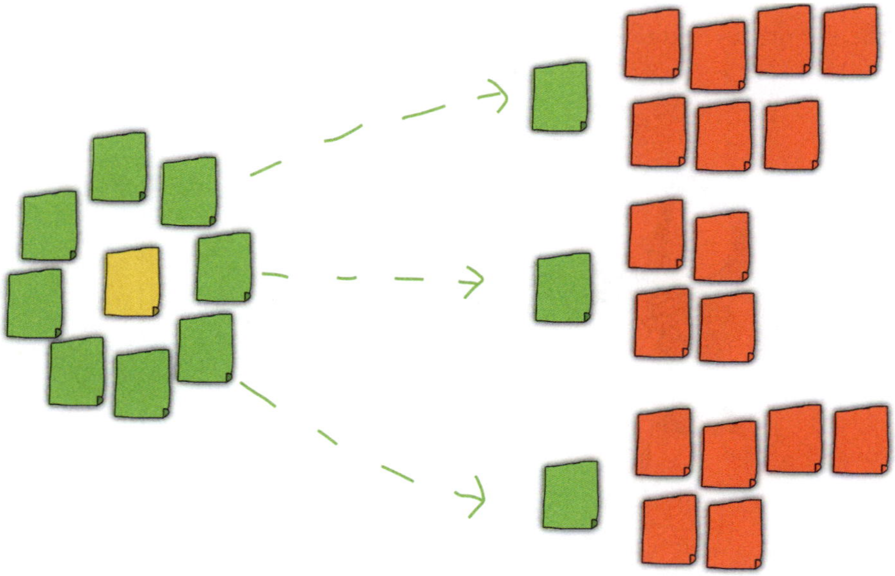

**Abbildung 6.18** *Arbeiten Sie seitlich weiter, sodass Sie mehr Platz für Ihre Visualisierungsideen haben.*

**Bild und Bild sowie Bild und Text kombinieren**

Visualisierungen können auch miteinander kombiniert werden, wodurch neue Bilder entstehen, die aber natürlich eindeutig und verständlich sein müssen. Bei Bildkombinationen, die eventuell mehrdeutig wirken könnten, kombinieren Sie am besten Text dazu – spätestens damit wird deutlich, was Sie meinen. Bei Text gilt natürlich: keep it short and simple! Überschriften oder Sprechblasen reichen. Im folgenden Kapitel 7, »Text und Schrift«, lernen Sie die Möglichkeiten von Text und Schrift in Kombination mit Visualisierungen kennen.

Falls Sie zu Beginn noch gar keine Idee haben sollten, wie sich ein Begriff darstellen lassen könnte: Nutzen Sie die Zeichenschule in diesem Buch, Suchmaschinen und Social Media. Hier finden Sie über die Eingabe Ihrer Begriffe in der Bildersuche Inspiration. Auch beim Durchblättern der Fotogalerie Ihres Smartphones bzw. der darauf installierten Messenger-App finden Sie Anregungen dafür, welche Darstellung zu einem Begriff passen könnte.

Überlegen Sie ggf. bereits an dieser Stelle, mit welcher Darstellungsform Sie später arbeiten möchten. Reicht es, mit der Visualisierung eines einzelnen Begriffs zu arbeiten? Oder benötigen Sie eine Bildszene oder gar mehrere Bildszenen, um etwa einen Prozess darzustellen? Mehr zum Thema der Darstellungsformen lesen Sie in Kapitel 12, »Der Entwurfsfinder«.

## Ergebnis

Kleben Sie schließlich Ihre selektierten Visualisierungsideen im Kreis um die begrifflichen Assoziationen zu Ihrem Thema. Damit haben Sie alle Ideen konsequent auf das Thema, gewissermaßen das *Bullseye* Ihrer Visualisierung, hin angeordnet.

**Abbildung 6.19** *Sie erinnern sich an den Kapitelanfang? So sieht das Ergebnis der Dartscheibenmethode aus!*

Wie Sie damit in der Entwurfsphase weiterarbeiten, lesen Sie in Kapitel 11, »Visualisieren in drei Schritten – Schritt 2: Entwurf«. Nun möchte ich Ihnen aber vor der Entwurfsphase Gelegenheit geben, Ihre zeichnerischen Skills ein wenig einzuüben und sich vor allem auch weitere Anregungen für Visualisierungen zu holen. Los geht es dabei mit Text bzw. Schrift, denn ohne sie kommen die wenigsten Visualisierungen aus.

**Visualisieren mit Klebezetteln**

An der Dartscheibenmethode haben Sie es soeben nachvollzogen: Visualisierung bedeutet nicht unbedingt nur zu zeichnen! Sowohl die unterschiedlichen Farben der Klebezettel selbst als auch die dadurch erzeugten Ringe sind Visualisierungsmerkmale, die für Orientierung und Übersicht sorgen. Das Visualisieren mit Klebezetteln, Moderationskarten oder DIN-A4-Papier ist eine hervorragende Möglichkeit, die man nicht nur in der Vorbereitung auf die eigentliche Visualisierung nutzen, sondern auch selbst als Visualisierungstechnik einsetzen kann. Sie können sie etwa für die Ideenfindung innerhalb eines Meetings verwenden. Nutzen Sie die Methode, um die Gedanken des Teams zutage zu fördern und für alle sichtbar zu machen. Mehr zu dieser Technik lesen Sie am Ende von Kapitel 15, »Moderation, Workshopleitung und Graphic Recording«.

# Kapitel 7
# Text und Schrift

In diesem und den drei folgenden Kapiteln möchte ich Sie mit dem Handwerkszeug der Visualisierung vertraut machen: dem Zeichnen. Wir starten mit einem der wichtigsten Elemente guter Visualisierung: Text und Schrift. Ja, Sie lesen richtig! Denn auch die von Ihnen handgeschriebenen Texte gehören im weiteren Sinne zum »Zeichnen«, wenn man darunter von Hand erstellte Linien versteht, die ein Gesamtbild ergeben.

**Abbildung 7.1** *Schrift und Text sind ein wichtiges Element guter Visualisierung.*

Die bekannte Redewendung »Ein Bild sagt mehr als 1.000 Worte!« ist in mancher Hinsicht richtig und macht Visualisierung zu einem so wichtigen Instrument. Um es aber gleich vorwegzunehmen: Ganz ohne Text funktionieren die wenigsten Visualisierungen. Ein Bild ersetzt Sprache also nicht einfach, sondern bereichert sie letztlich als besondere kommunikative Ausdrucksmöglichkeit. In diesem Sinne möchte ich die Redewendung gerne anpassen: »Wort und Bild sind die besten Freunde!«

Gerade die große Aussagekraft eines Bildes führt nämlich auch zu einem größeren Interpretationsspielraum, vor allem, wenn Bilder nicht nur für etwas Konkretes stehen, sondern als Symbole für anderes verwendet werden. Somit kann es beim Einsatz von Bildsprache jederzeit zu Missverständnissen bzw. anderen Deutungen kommen – auch wenn das im Bild Dargestellte von allen eindeutig erkannt wird (z. B.: »Das ist eine Krone«). Die Bedeutung des Bildes lässt einen größeren Spielraum zu. Daher gilt es hier, durch Text für Eindeutigkeit zu sorgen.

**Abbildung 7.2** *Bilder und Symbole können zu unterschiedlichen Deutungen führen.*

Somit lässt sich die Redewendung also weiterdenken. Es geht nicht um entweder Text oder Bild – sondern Wort und Bild ergänzen einander im Sinne der visuellen Kommunikation auf ideale Weise.

**Abbildung 7.3** *Text und Bild – die besten Freunde!*

Ich empfehle Ihnen daher – von Ausnahmen abgesehen –, möglichst nicht ausschließlich auf die bildhaften Darstellungen in Ihrer Visualisierung zu setzen und damit eine Interpretation zu riskieren, die gar nicht in Ihrem Sinne ist. Immer da, wo es nötig ist bzw. unterstützend wirkt, sollte auch stets Text ergänzt werden.

Für das Schreiben von Text am Flipchart bzw. auch auf anderen Papierformaten möchte ich Ihnen vier Schrifttypen vorstellen, die sich zum Visualisieren gut eignen.

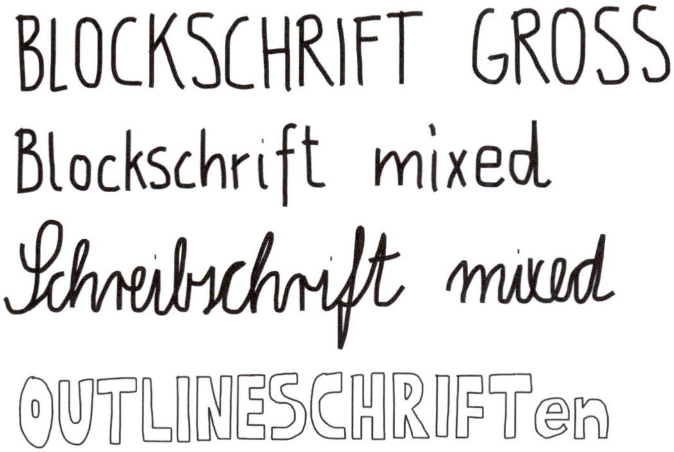


**Abbildung 7.4** *Vier für die visuelle Kommunikation gut geeignete Schrifttypen*

Natürlich sind Sie frei darin, sich eine Schrift individuell auszusuchen, die Ihnen gut von der Hand geht – möglichst eben auch im Stehen und an einem Gestell, das auf Druck ggf. nachgibt. Dennoch eignen sich sicher manche Schrifttypen für bestimmte Verwendungszusammenhänge besser als andere. Hier gibt es zwar keine »Wissenschaft«, aber dennoch Erfahrungswerte, wie die Zuschauer auf Schriften reagieren. Dazu möchte ich Ihnen gleich ein paar Empfehlungen geben bzw. zeigen, wie ich Schrift normalerweise in der Praxis einsetze.

Vorab noch ein paar Worte zum Text generell: Zunächst einmal steht ein jeder Text am Flipchart – und damit natürlich auch Ihre Schrift – in einem bestimmten Kontext. Es gibt Text, der einzelne Elemente konkretisiert, Text, der Gedanken und Aussagen als Gedanken und Aussagen (etwa in Sprech- und Gedankenblasen) wiedergibt, Text, der Unteraspekte auflistet, Text, der das große

Ganze auf den Punkt bringt. Diese Aufzählung lässt sich vielfach erweitern; mir geht es nur darum, dass Sie sich auch immer bewusst machen, welche Funktion Ihr Text jeweils hat, und somit auch bewusst einen Schrifttyp für Ihre Zwecke wählen.

Weil also Text in unterschiedlichen Kontexten steht und damit dies auch visuell auf einen Blick wahrgenommen werden kann, sollte Schrift so gestaltet sein, dass sie grundsätzlich *Unterscheidbarkeit* zulässt.

Neben der Unterscheidbarkeit, die darin besteht, dass Textelemente einerseits als zusammengehörig und andererseits als getrennt wahrgenommen werden, hat Schrift darüber hinaus speziell auch die Funktion, etwas *hervorzuheben*. Auch wenn Unterscheidbarkeit und Hervorhebung zentrale Funktionen der Schrift sind – vor allem muss auch die *Lesbarkeit* von Schrift gewährleistet sein.

Und schließlich sollten Bild und Text möglichst in einem ausgewogenen Verhältnis zueinander stehen. Was ausgewogen ist, das kann von Verwendungszusammenhang zu Verwendungszusammenhang natürlich variieren, es kann also einmal sehr wenig und manchmal relativ viel Text nötig sein, doch sollten Sie auch das bei Ihrer Konzeption eigens berücksichtigen und bedenken.

**Allgemeine Kriterien für die Verwendung von Schrift beim Visualisieren**

Schrift sollte möglichst diese Kriterien erfüllen:

- Sie sollte die Betrachtenden nicht überfordern, sondern beim Verstehen entlasten (Eindeutigkeit, gemeinsame Verständnisbasis).
- Sie sollte das Verstehen lenken (Unterscheidbares, Zusammengehöriges, Hervorgehobenes).
- Sie sollte im jeweiligen Kontext adäquat verwendet werden und lesbar sein.

Die von mir im Folgenden skizzierten Empfehlungen mögen Ihnen beim Lesen selbstverständlich und naheliegend erscheinen – die Praxis zeigt aber oft, dass Schrift eher selten in die Konzeption der Visualisierung bereits in der Entwurfsphase einbezogen wird. So findet man dann während einer Präsentation für die Zusammenfassung wichtiger Fakten »Schnörkelschrift«, während individuelle und vielleicht noch gemeinsam zu hinterfragende Zitate quasi in »Druckqualität« dastehen und somit wie in Stein gemeißelt erscheinen. Sie sehen sicher, worauf ich hinauswill.

Ich persönlich verwende zwei Schrifttypen für Überschriften: die komplett groß geschriebene *BLOCKSCHRIFT GROSS* und die *Outlineschrift*.

**Abbildung 7.5** *Blockschrift groß und Outlineschriften eignen sich gut für Überschriften.*

Überschriften dienen nun einmal dazu, den Teilnehmenden bzw. Betrachtenden auf einen Blick hin zu vermitteln: »Darum geht es!«. Deshalb ist es wichtig, dass die dafür verwendete Schrift im Verhältnis zu anderen Schriften besonders groß erscheint. So bleibt sie auch mit einigem Abstand lesbar – beispielsweise beim Eintreten in den Besprechungsraum.

Die *Blockschrift mixed*, also eine Mischung aus Klein- und Großschreibung, eignet sich besonders gut für Fließtexte. Im Vergleich zur BLOCKSCHRIFT GROSS wird sie von den meisten als einfacher zu lesen empfunden. Sie erhält die Aufmerksamkeit beim Lesen auch viel länger aufrecht. Setzen Sie sie also Ihren Teilnehmenden zuliebe immer dann ein, wenn Sie etwas mehr in Form von Text mitzuteilen und diese mehr zu lesen haben.

**Kleines Handschrift-Training**

Wenn Sie mit Ihrer Handschrift aus der Übung gekommen sind – in den Download-Materialien finden Sie Arbeitsblätter, um diese motorische Fertigkeit zu üben.

**Abbildung 7.6** *Blockschrift mixed ist erfahrungsgemäß ideal für längere Texte.*

Probieren Sie es doch gleich einmal selbst aus! Welcher Text ist für Sie leichter zu lesen? In Abbildung 7.7 finden Sie denselben handgeschriebenen Text in einer direkten Gegenüberstellung – einmal als Blockschrift mixed und einmal als BLOCKSCHRIFT GROSS.

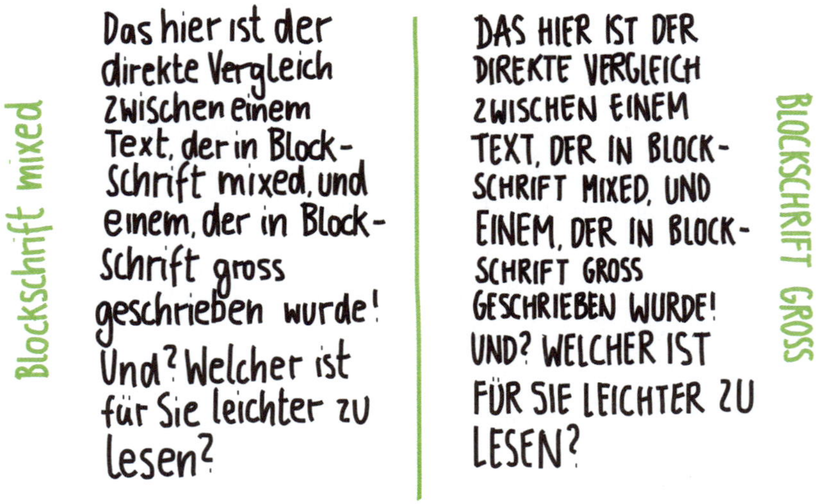


**Abbildung 7.7** *Der Selbstversuch: Welcher Text ist leichter zu lesen?*

Die sog. »Schreibschrift« ist ideal für das Sichern von Zitaten und persönlichen Aussagen. Ich nenne diesen Schrifttyp bei der Verwendung am Flipchart *Schreibschrift mixed*, weil diese natürlich nicht, so wie in der Schule gelernt, mit aufwendigen Schnörkeln wiedergegeben werden muss. Hier geht es nur darum, dass sie als Schreibschrift wahrgenommen wird.

Der Vorteil bei diesem Schrifttyp ist übrigens, dass man Text auf diese Weise tendenziell am schnellsten schreiben kann. Der Nachteil dabei: Die Leserlichkeit leidet gern einmal, da Schreibschrift je nach Handführung am ehesten in »Kritzeleien« überzugehen droht. Schreibschrift lohnt sich also für die visuelle Kommunikation nur bei kurzen Texten bzw. Sätzen. Gerade in Kombination mit den dickeren Markern, die am Flipchart häufig verwendet werden, sollten Sie auf die Lesbarkeit besonders achten.

**Abbildung 7.8** *Schreibschrift (mixed) bietet sich u. a. für kurze Statements an.*

Es gibt eine Vielzahl an Schriftarten. Lassen Sie sich inspirieren, und erstellen Sie in Ihrem visuellen Vokabelheft Ihr eigenes Abc. Falls Sie digital arbeiten, können Sie sich so Ihre eigenen Schriften erstellen und Text in verschiedenen Schrifttypen durch Kopieren zusammenstellen.

**Abbildung 7.9** *In diesem Buch geht es um die Funktion von Schrift – nicht um die Kunst zu schreiben.*

In diesem Kapitel ging es um die Funktion und nicht so sehr um die Schönheit der Schrift. Wenn Sie das Schreiben von Text zu Ihrem Markenzeichen am Flipchart machen wollen und sich etwa einmal an *Lettering* oder *Brushing* versuchen möchten – zu diesem Spezialgebiet gibt es gute Internetseiten und eigene Fachbücher.

# Kapitel 8
# Grundformen zeichnen

In diesem Kapitel stelle ich Ihnen die Grundformen vor – Pfeile, Container bzw. Textboxen, verschiedene Linienarten, Kreise, Dreiecke und Vierecke. Sie sind nicht nur letztlich die Basis für eine jede Zeichnung, sondern haben insbesondere am Flipchart auch verschiedene Funktionen. Sie können damit gleich mit Ihrer Visualisierungsarbeit beginnen, auch wenn Sie noch kaum Übung im Zeichnen haben. Sie können sie in Ihrer Entwurfsphase als Platzhalter anstelle der später am Flipchart ausgearbeiteten aufwendigeren Zeichnungen nutzen, und sie eignen sich auch später generell als Darstellungsmittel am Flipchart selbst – etwa, wenn es in einem (internen) Meeting mal schnell gehen soll.

**Abbildung 8.1** *Grundformen haben in der Visualisierung neben Text, Icons und Figuren wichtige Funktionen.*

Darüber hinaus ist es mithilfe solcher Grundformen möglich, Stationen in Prozessen und Abläufen, Wechselbeziehungen, Loops und vieles andere mehr innerhalb Ihrer Visualisierungen darzustellen. Daher sind sie nicht nur ein Hilfsmittel, sondern auch ein wichtiges Gestaltungelement für Ihre Präsentationen.

Es gibt genau zwei einfache Grundformen: Punkt und Strich. Darauf bauen alle anderen Grundformen bzw. Zeichnungen auf.

**Abbildung 8.2** *Mit Punkt und Strich fängt alles an.*

## Mehrfache Grundformen

Werden die einfachen Grundformen Punkt und Strich kombiniert, entstehen die von mir so genannten mehrfachen Grundformen. Statt eine Verbindung oder Abfolge immer nur durch einen einfachen und durchgehenden Strich darzustellen, können Sie damit gezielt verschiedene *Linienarten* einsetzen: die gepunktete Linie, die gestrichelte Linie, die gezackte Linie und die gewellte Linie. So ist es möglich, Differenzierungen unterschiedlicher Beziehungen und Prozesse visuell vorzunehmen.

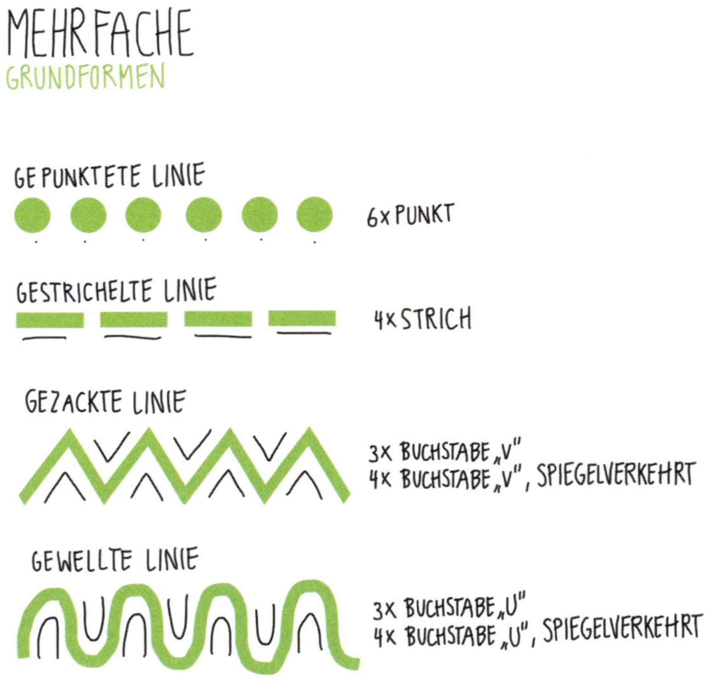


**Abbildung 8.3** *Unterschiedliche Linienarten können für die Darstellung unterschiedlicher Zusammenhänge und Prozesse verwendet werden.*

## Geometrische Grundformen

Kombinieren Sie diese einfachen und mehrfachen Grundformen weiter, entstehen daraus die geometrischen Grundformen. Wir alle haben sie spätestens im Mathematikunterricht kennengelernt. Sie sind – ähnlich wie Buchstaben – gewissermaßen in unserem motorischen Gedächtnis gespeichert und können daher nahezu intuitiv zum Visualisieren genutzt werden. Vor allem eignen sie sich dazu, das Zeichnen schrittweise zu erlernen und die technische Ausführung dabei zu perfektionieren. Nicht nur für das spätere Zeichnen von Icons und Piktogrammen, sondern gerade auch für das Zeichnen von Figuren sind sie grundlegend. Je mehr Formen Sie dabei in Ihrem Repertoire aktiv nutzen, umso mehr individuelle Visualisierungen von Gesichtern, Körpern und Körperhaltungen werden Ihnen gelingen.

**Abbildung 8.4** *Geometrische Grundformen kennt man von früh auf. Sie eignen sich hervorragend, um das Zeichnen zu erlernen.*

Um Ihnen das Zeichnen noch einfacher zu machen und damit Sie sich ein wenig warmzeichnen, finden Sie im Folgenden kleine visuelle Schritt-für-Schritt-Anleitungen für die in Abbildung 8.4 gezeigten Grundformen. Dabei sehen Sie vor allem auch, wo Sie am besten starten und in welcher Reihenfolge Sie vorgehen, damit Ihnen die Formen auch flüssig gelingen, ohne dass Sie später am Flipchart unnötig absetzen. Dadurch könnten sich nämlich Lücken oder auch störende Punkte ergeben.

## Kleine Übung zum Zeichnen der Grundformen:

1. Nehmen Sie einen Fasermaler oder auch Bleistift, zeichnen Sie zuerst einen Kreis und anschließend die Variationen: Oval quer und Oval hoch. Damit Ihr Kreis schön rund wird bzw. auch die Proportionen bei den Ovalen stimmen, können Sie die gezeigten Hilfslinien ebenfalls einzeichnen und anschließend wegradieren.

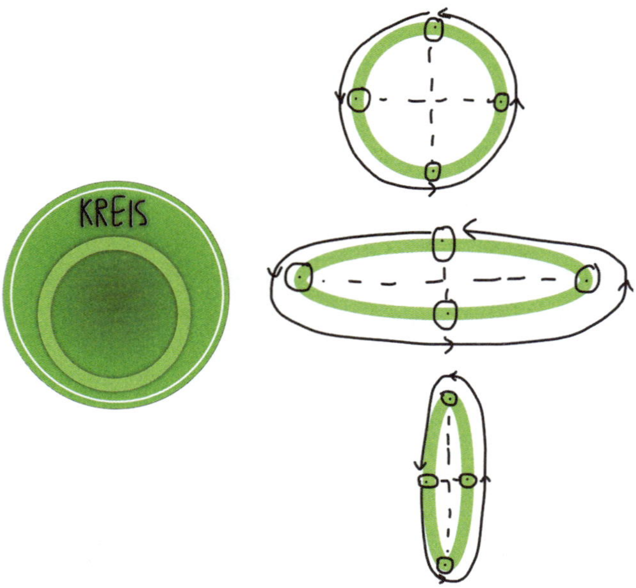


2. Zeichnen Sie nun die Vierecke: das Quadrat, das Rechteck quer und das Rechteck hoch.

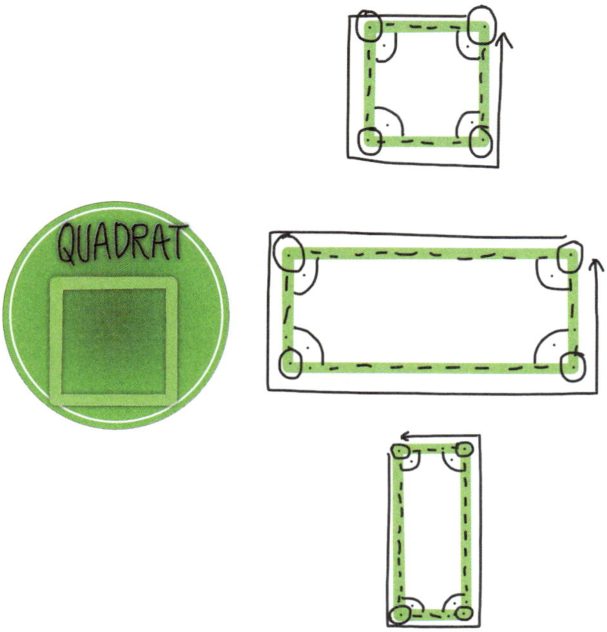


**3.** Zeichnen Sie nun ein Dreieck und seine Variationen. Für ein gleichschenkliges Dreieck orientieren Sie sich bitte an der ersten Skizze. Für das »Dreieck hoch« verschmälern Sie dann einfach die Grundlinie und stellen das Ganze ggf. auf den Kopf. Beim nichtgleichschenkligen Dreieck (»Dreieck quer«) können Sie die Seitenlängen und auch die Position auf dem Papier beliebig variieren; am einfachsten gelingt diese Form, wenn Sie mit zwei Linien beginnen, die im rechten Winkel angeordnet sind, und dann die dritte Linie vervollständigen.

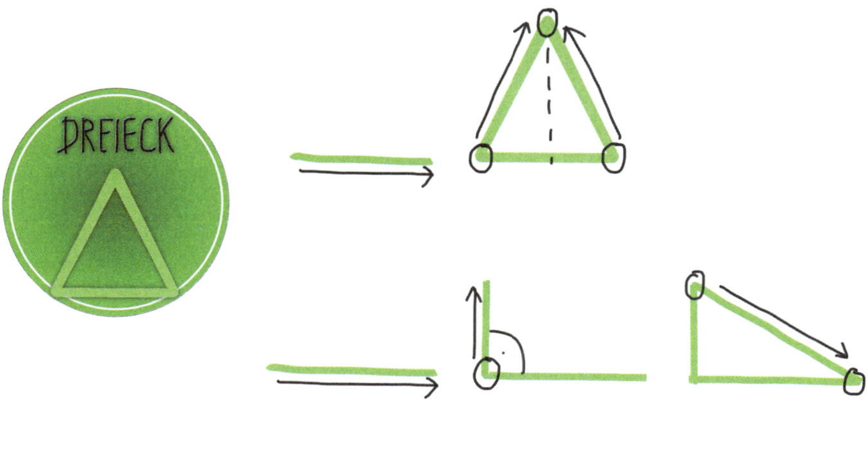

**4.** Nun wird es schon ein klein wenig anspruchsvoller. Damit die Zacken des Sterns gleichmäßig geraten, legen Sie sich am besten zunächst auf eine Linienlänge, etwa einen Zentimeter, fest. Beginnen Sie am besten mit einer horizontalen Linie, und führen Sie diese – ggf. mit einer Hilfslinie – zur ersten Zackenspitze und von dort entsprechend wieder herunter. Folgen Sie dann der Zeichenbewegung in der Abbildung.

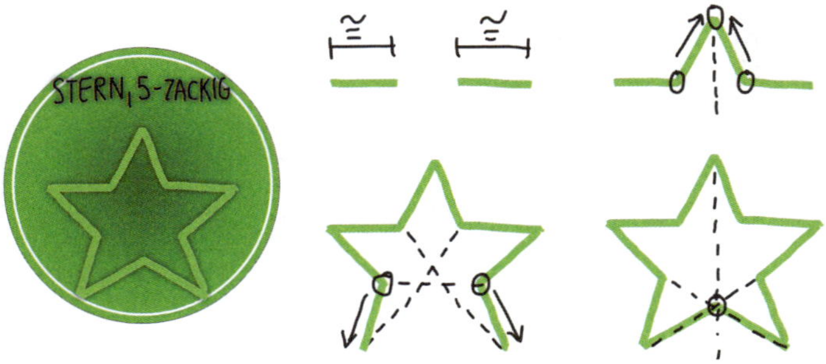


**5.** Nun fehlt nur noch das Trapez, für das Sie zwei unterschiedlich lange parallele Linien an den äußeren Punkten durch weitere Linien verbinden.

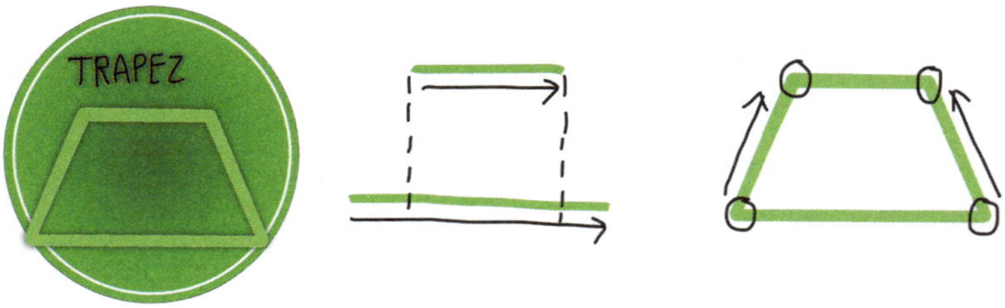


**Grundformen als Platzhalter und Visualisierungselemente sinnvoll nutzen**

Die Grundformen, die Sie gerade eingeübt haben, sind Ihnen nun sicher (wieder) ganz geläufig. Sie lassen sich nicht nur schnell und ohne Aufwand zeichnen, sondern eignen sich wie gesagt hervorragend, um Inhalte in Ihrer Präsentation zu strukturieren. Ein weiterer wichtiger Vorteil ist, dass sie – sauber gezeichnet – eindeutig erkannt werden, was eines der wichtigsten Kriterien für eine gelungene visuelle Kommunikation ist.

## Pfeile

Weitere wichtige Visualisierungselemente sind die Pfeile, die am Flipchart häufig verwendet werden. Aber wie schon bei den Linien gezeigt: Pfeil ist nicht gleich Pfeil. Nutzen Sie in der Praxis auch neue und andere Pfeilformen, um damit jeweils unterschiedliche Sachzusammenhänge sichtbar zu machen. Beim Zeichnen werden Sie feststellen, dass auch hier die einfachen Grundformen Punkt und Strich, aber auch die geometrischen Grundformen sinnvoll zur Variation verwendet werden können.

Pfeile mit nur einer Spitze eignen sich etwa zur Darstellung einfacher (chronologischer) oder auch unumkehrbarer Abfolgen, wie etwa Ursache-Wirkungs-Beziehungen. Ein Blockpfeil macht besonders wichtige Zusammenhänge deutlich, z. B. in einem Kreislauf. Ein gestrichelter oder gepunkteter Pfeil dagegen weist auf nur lose oder erst herzustellende Beziehungen hin. Doppelrichtungspfeile deuten Optionen und alternative Wege an und stehen meist für Wechselbeziehungen oder auch Spannungsverhältnisse.

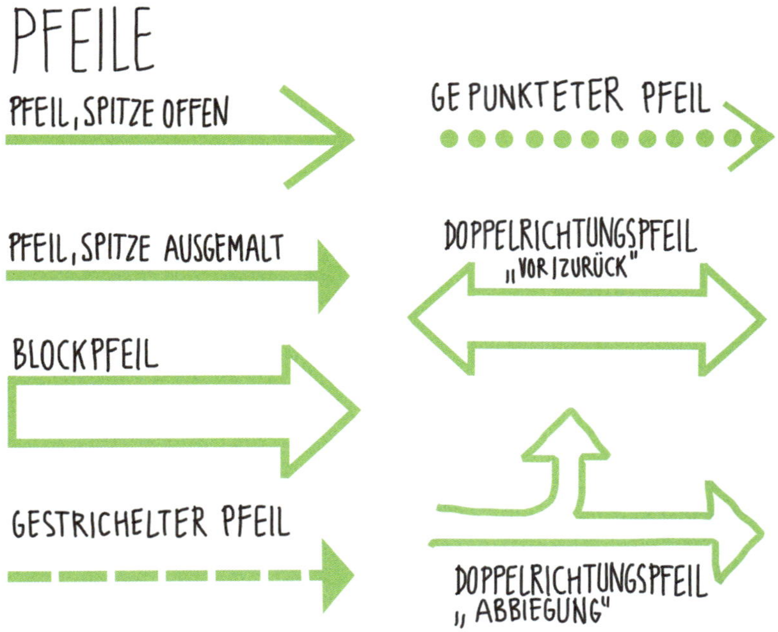


**Abbildung 8.5** *Gerade bei der Visualisierung komplexerer Zusammenhänge werden verschiedene Pfeilarten benötigt.*

Im Folgenden finden Sie die dazugehörigen Schritt-für-Schritt-Anleitungen.

## So geht's:

1. Ein einfacher Pfeil mit einer offenen Spitze gelingt mit drei Strichen.

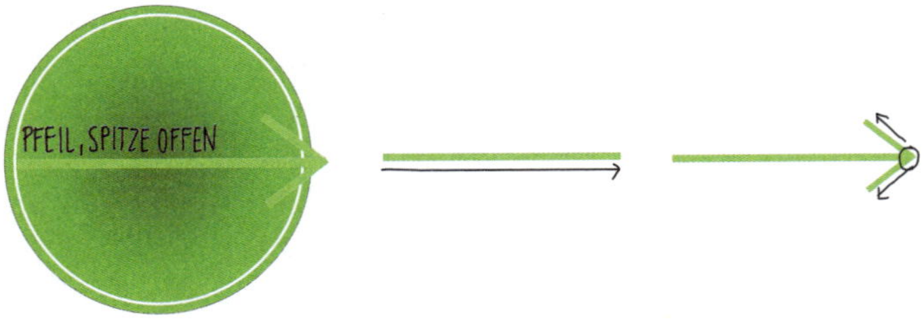


2. Achten Sie beim Pfeil mit der ausgemalten Spitze darauf, dass das Dreieck die Linie leicht überlappt, sodass der Pfeil aus einem Guss gezeichnet erscheint.

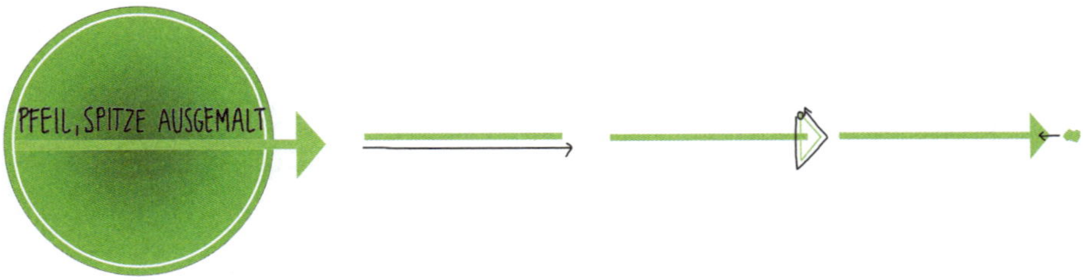


3. Beim Zeichnen des Blockpfeils sind Hilfslinien nützlich. Es reichen dabei (farbige oder schwarze) Outlines. Sie können die Pfeile aber natürlich auch ganz ausmalen, wenn Sie dort später keinen Text unterbringen möchten.

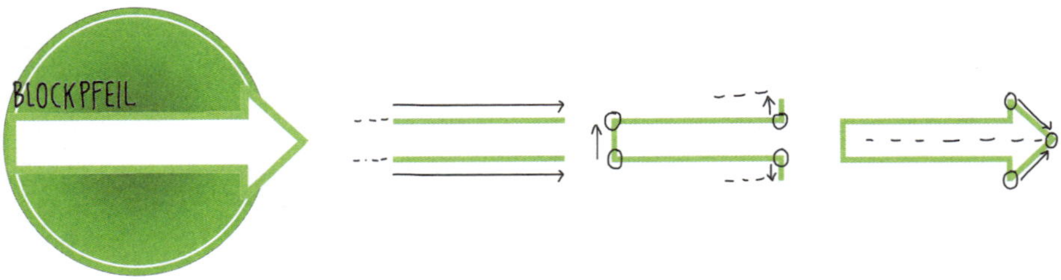

**4.** Achten Sie beim gestrichelten Pfeil auf möglichst gleichmäßige, also gleich lange Linien, und heben Sie die Pfeilspitze auch hier durch Ausmalen hervor.

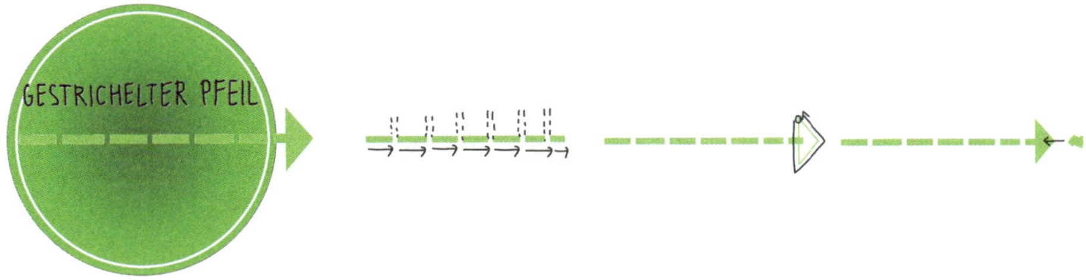


**5.** Für den gepunkteten Pfeil setzen Sie – je nach Bedarf – unterschiedlich viele Kreise ein. Achten Sie aber darauf, dass diese möglichst in einem regelmäßigen Abstand zueinander stehen. Die Pfeilspitze ist bei der eher offenen Beziehung, die mit dieser Pfeilart angedeutet wird, ebenfalls offen.

**6.** Beim Doppelrichtungspfeil starten Sie wie beim Blockpfeil, lassen aber den senkrechten Strich auf der linken Seite weg. Entweder fangen Sie mit zwei parallelen Linien oder auch nur mit einer Linie an. Folgen Sie einfach den Schritten in der Abbildung.

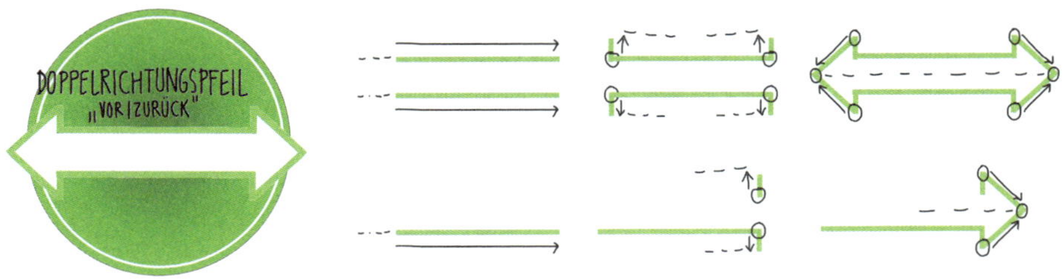

7. Nun wird Ihnen auch die Abbiegung im folgenden Doppelrichtungspfeil sicher einfach von der Hand gehen. Wichtig ist es nur, eine Aussparung vorzusehen, die weder zu groß noch zu klein gerät. Natürlich kann der Pfeil auch mehrere Verzweigungen und entsprechende Pfeilspitzen haben.

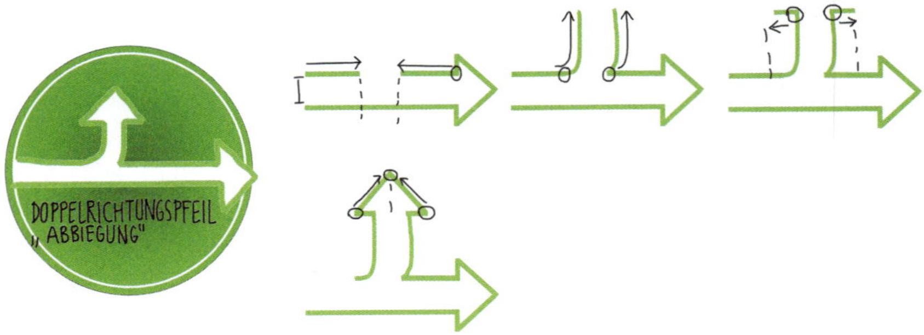


Bereits die Kombination von Grundformen und Pfeilen ermöglicht es Ihnen, Ihr Visualisierungsportfolio zu erweitern. Um später effizient und themenspezifisch zu visualisieren, ist es also wichtig, auch die vermeintlich einfachen Formen zu kennen und aktiv zu nutzen. Verschiedene Einsatzmöglichkeiten im Kontext von fertigen Plakaten finden Sie im gesamten Buch.

**Erstellen Sie Ihr Pfeilrepertoire als Blaupause!**
Gerade für großformatige Präsentationen bietet es sich an, etwas aufwendiger zu zeichnende Pfeile zum Durchpausen zu verwenden. Fertigen Sie in Ihrer Vorbereitung für Ihr visuelles Vokabelheft bzw. in der Konzeptions- und Entwurfsphase zu einem konkreten Projekt doch z. B. von einem besonders gut gelungenen Doppelpfeil eine Reinzeichnung auf DIN-A4-Papier an. Diese können Sie dann auch in anderen Präsentationen als Schablone für die Übertragung auf das Flipchart nutzen. Wenn Sie die Vorlage kopieren, können Sie den Pfeil oder auch mehrere ausschneiden und einfach in Ihre Visualisierung einkleben.

## Container

Auch die sog. *Container* sind wichtige Bestandteile der Visualisierungstechnik. Man kann sie natürlich auch als *Textboxen* bezeichnen, da sich innerhalb der Container meist Text befindet. Ich favorisiere aber den Begriff Container, weil

Boxen weniger Gestaltungsspielräume nahelegen. Beschränken Sie sich also nicht darauf, einfach einen Rahmen um Ihre Texte zu ziehen, und nutzen Sie die verschiedenen Ausdrucksmöglichkeiten: Sprech- und Gedankenblasen, Sprechblasen als beschriftete Pfeile, Banner, Dokumente, Podeste usw. Auch hierbei können Sie in aller Regel auf die bereits eingeübten einfachen und geometrischen Grundformen und deren Kombination zurückgreifen. Da Sie bisher nur zweidimensional gezeichnet haben, üben Sie hier nun neu auch das perspektivische Zeichnen.

**Immer erst der Text, dann der Container!**
Schreiben Sie immer zuerst Ihren Text! Ergänzen Sie anschließend den Container. So stellen Sie sicher, dass auch alles innerhalb der Linien bleibt!

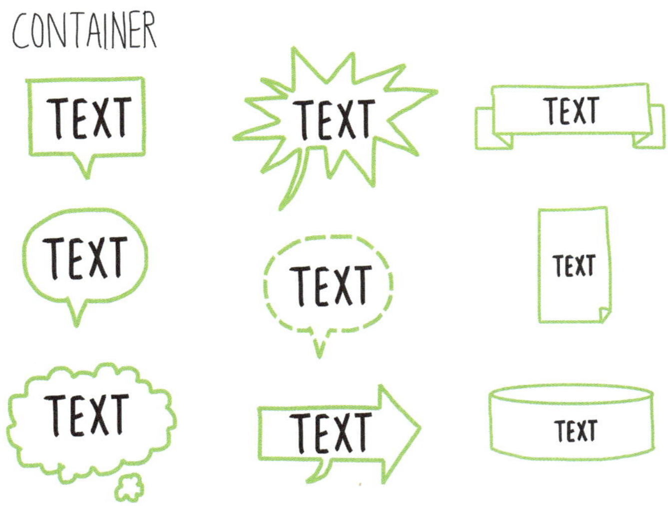


**Abbildung 8.6** *Für die Präsentation und Inszenierung Ihrer Texte können Sie eine Vielzahl von Darstellungsformen nutzen.*

Im Folgenden finden Sie wieder Anleitungen zum Nachzeichnen der hier gezeigten Auswahl an Textcontainern. Natürlich sind viele weitere Varianten denkbar, die Sie mit der Zeit selbst entwerfen können. Für den Text innerhalb der Container können Sie wie ich einfach »TEXT« als Platzhalter schreiben oder auch schon ein bestimmtes Thema notieren. Wenn Sie innerhalb der Container dann später tatsächlich auch längere Texte oder Aussagen festhalten, werden Sie auch entsprechend große Container zeichnen müssen. Von daher empfehle ich Ihnen, gleich beim Training Container in einer Größe anzulegen, die sich für die Präsentation am Flipchart eignen. Für jeden Container verwenden Sie am besten ein separates DIN-A4-Papier.

### Verschiedene Textcontainer Schritt für Schritt zeichnen:

1. Schreiben Sie Ihren Text bzw. Platzhaltertext, und zeichnen Sie darum herum eine rechteckige Sprechblase, indem Sie der Anleitung in der Abbildung folgen.

2. Zeichnen Sie nun eine runde bzw. ovale Sprechblase um Ihren Text herum.

3. Für das Zeichnen einer Denk- oder auch Gedankenblase können Sie Ihre Linien bzw. kleinen Bögen recht frei zu Papier bringen. Setzen Sie aber auch hier an einer Stelle an, und vervollständigen Sie die Form in einem Zug. Eine zweite, kleinere Wolke platzieren Sie rechts unterhalb der ersten.

**4.** Für laute Ausrufe und alarmierende Fakten können Sie eine »Schrei-Blase« verwenden. Anders als beim Stern, den Sie weiter oben gezeichnet haben, können und sollen die Zacken hier durchaus unregelmäßig groß gestaltet werden.

**5.** Wie wäre es nun – umgekehrt – mit einer »Flüsterblase«? Sie eignet sich etwa für die Darstellung von Nebenaspekten bzw. von (leise geäußerten) Kommentaren, aber auch für das Aufzeigen von möglicherweise bisher zu wenig beachteten Aspekten. Gerade solche durch die gestrichelte Linie relativierten bzw. zurückgenommenen Aussagen finden häufig besondere Aufmerksamkeit. Sie rufen fast zwangsläufig die Frage auf, warum etwas nicht direkt dargestellt ist, und geben Anlass zu Diskussionen.

**6.** Die »Richtungsblase« stellt eine Kombination aus einer Sprechblase und einem Blockpfeil dar. Sie eignet sich etwa für »richtungsweisende« Aussagen.

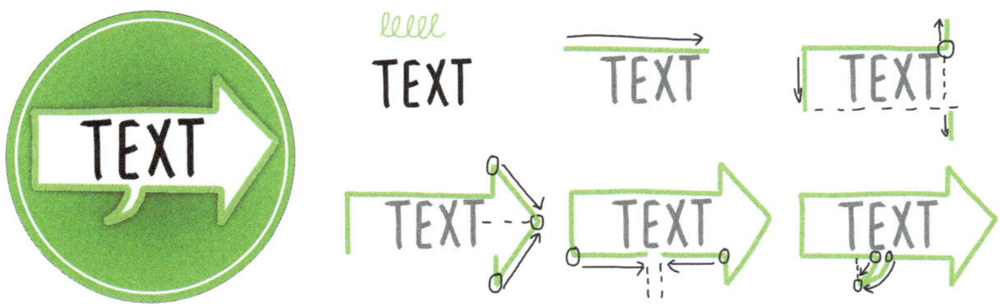

7. Mit dem Zeichnen eines Textbanners, das sich hervorragend für zentrale Überschriften anbietet, wird es nun »perspektivisch«. Halten Sie sich aber auch dabei einfach an die Anleitung und die Reihenfolge der dargestellten Strichfolgen.

8. Um einen Container als Textdokument darzustellen, gehen Sie wie folgt vor.

9. Zeichnen Sie nun auch noch das Text-Podest. Es eignet sich, um darauf auch andere Visualisierungen entsprechend in Szene zu setzen.

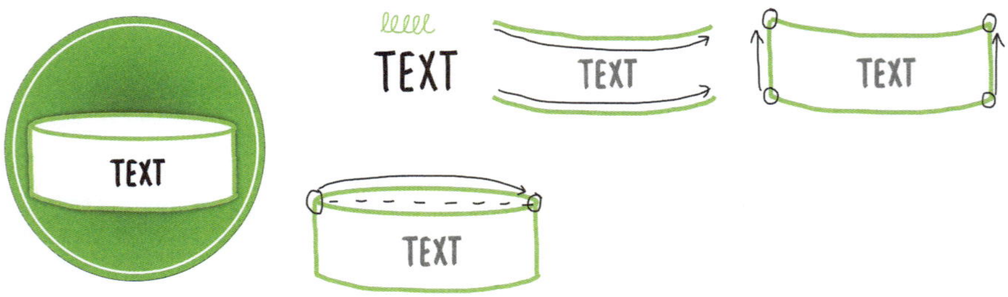


Die Zeichenanleitungen für alle Textcontainer auf einen Blick finden Sie auch noch einmal als Download (siehe dazu die Erläuterungen unter »Materialien zum Buch« zu Beginn dieses Workshops). Sie können diese großformatig ausdrucken und als Zeichenvorlage sowie als Inspiration für Ihre Entwurfsphase nutzen.

Mit den Grundformen, Pfeil- und Containervarianten haben Sie nun ausreichend viele Grundelemente kennengelernt, mit denen Sie – in Verbindung mit Text und Schrift – bereits komplexe Visualisierungen, wie die Darstellung verschiedener Zusammenhänge, Abhängigkeiten und Prozesse, realisieren können. Vor allem in Kapitel 12, »Der Entwurfsfinder«, sehen Sie, wie Sie diese Formen gezielt zur Strukturierung Ihrer Inhalte einsetzen können.

Aber auch, wenn Sie in einem Meeting oder Workshop, in dem Sie aktiv am Gespräch teilnehmen, spontan visualisieren müssen, sind die Grundformen Gold wert. Sie lassen sich schnell zeichnen und sorgen dafür, dass auch ohne eine (längere) Vorplanung Übersicht und Struktur in das ad hoc Gezeichnete bzw. Notierte gebracht werden kann.

Wie Sie dann zukünftig parallel zu den Grundformen und an ihrer Stelle mit komplexeren Visualisierungen, also mit echten Bildobjekten und grafischen Symbolen arbeiten, lernen Sie in der folgenden Zeichenschule. Hier habe ich für Sie typische Piktogramme zusammengestellt, die Sie als klassische Businesssymbole in Präsentationen zu vielen Unternehmensthemen, aber auch für Ihre Wissensarbeit in aufwendigeren Bildlandschaften und Bildszenen immer wieder verwenden können.

Sie können nicht zeichnen? Überzeugen Sie sich vom Gegenteil. Schritt für Schritt und mit ein wenig Übung werden Sie hier sicher schnell Fortschritte machen – auch unabhängig von den Vorlagen. Abgesehen von der technischen Fertigkeit im Zeichnen soll die folgende Auswahl Ihnen aber insbesondere auch Anregungen dafür liefern, wie Sie konkrete Sachverhalte bildhaft wiedergeben und wie Sie für Abstraktes geeignete einfache Bilder finden. Bildsprache ist nämlich wie eine Fremdsprache erlernbar. Und genau wie bei jeder Fremdsprache auch ist es sinnvoll, Vokabeln zu lernen. Im Folgenden also die Lektionen, die nach und nach Ihr visuelles Vokabelheft füllen sollen.

**Hand und Auge beim Zeichnen richtig koordinieren**

Ich bin der Ansicht, dass Zeichnen einfach »von der Hand gehen« sollte. Die Vorlagen habe ich daher so aufgebaut, dass Sie sich jeweils nur weniges einprägen müssen. Schauen Sie sich also zwar zunächst das fertige Bild und die Anleitungsschritte an, konzentrieren Sie sich dann aber möglichst nur noch auf Ihr Blatt und Ihre Hand. Zeichnen Sie also, anstatt zu schauen!

**Die Zeichenschule als Vokabelheft nutzen**

Unter den Piktogrammen der Zeichenschule habe ich in Auswahl einige mögliche Bedeutungen bzw. mögliche Verwendungszwecke für Sie festgehalten. Es gibt aber sicher noch viele andere mehr. Daher empfehle ich Ihnen: Übertragen Sie vor allem die für Sie besonders relevanten Icons in Ihr visuelles Vokabelheft, und notieren Sie dazu selbst geeignete Eigenschaften, Assoziationen und Begriffe, sodass Sie bei Ihrem nächsten Visualisierungsentwurf gleich darauf zugreifen können. Insgesamt handelt es sich bei den Zeichenvorlagen um eine Mischung aus konkreten und abstrakten Darstellungen. Einige Icons sind sicher unmittelbar verständlich und einsetzbar, andere dagegen sind interpretierbar.

In den Download-Materialien zum Buch finden Sie weitere Zeichenanleitungen zu schon etwas komplexeren Piktogrammen:

# Kapitel 9
# Zeichnen lernen: Piktogramme und Icons

Auf den folgenden Seiten lernen Sie eine Reihe von Symbolen kennen, die Sie auf vielfältige Weise in Ihren Präsentationen am Flipchart verwenden können. Unter der Anleitung finden Sie in Auswahl einige mögliche Bedeutungen. Wenn Sie die Icons in Ihr visuelles Vokabelheft übertragen, können Sie weitere Verwendungssituationen ergänzen und so Ihr persönliches Bildspracherepertoire erweitern.

## Fußspuren/Schritte

### So geht's:

### Mögliche Bedeutungen:

- Symbol für mehrere (Prozess-)Schritte
- Ablauf von in sich abgeschlossenen Ereignissen etc.
- Verdeutlichung einer Abfolge
- als Container für Nummerierung geeignet

## Dartscheibe

### So geht's:

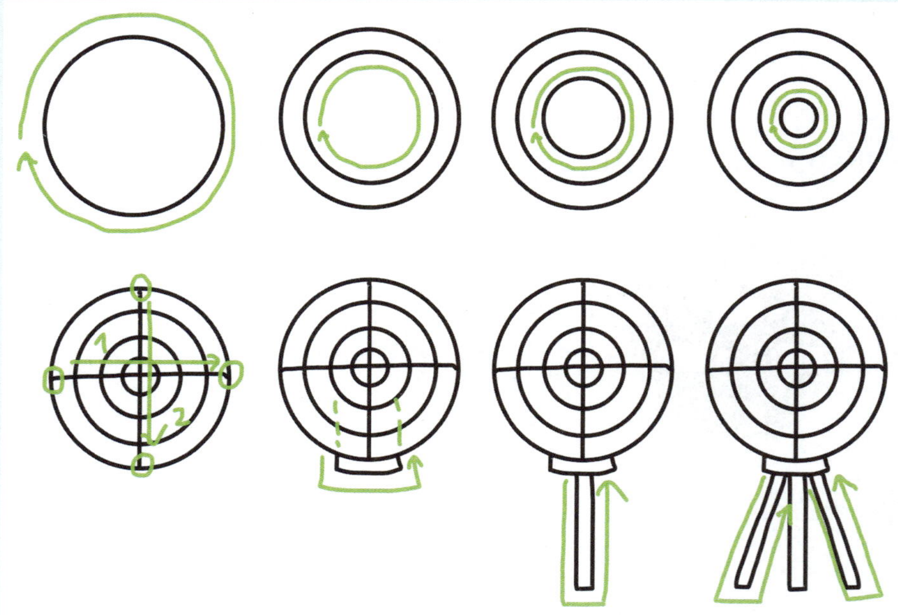


### Mögliche Bedeutungen:

- Zielgenauigkeit erhöhen
- Symbol für diverse Qualitäten (Bullseye und umliegende Felder)

## Auge

### So geht's:

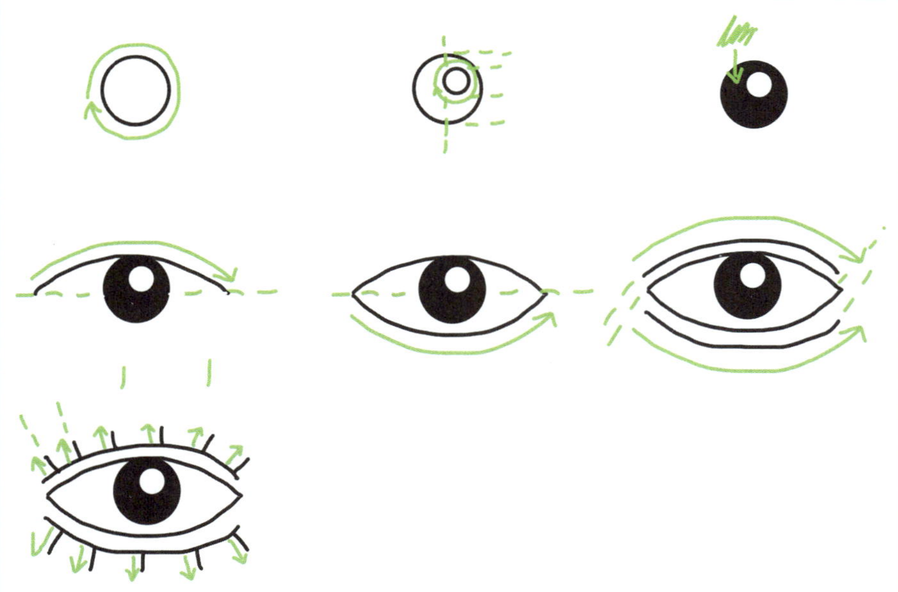

### Mögliche Bedeutungen:

- Symbol für Perspektive
- Fokussierung
- Sichtbarkeit
- wachsam sein

## Fernglas

### So geht's:

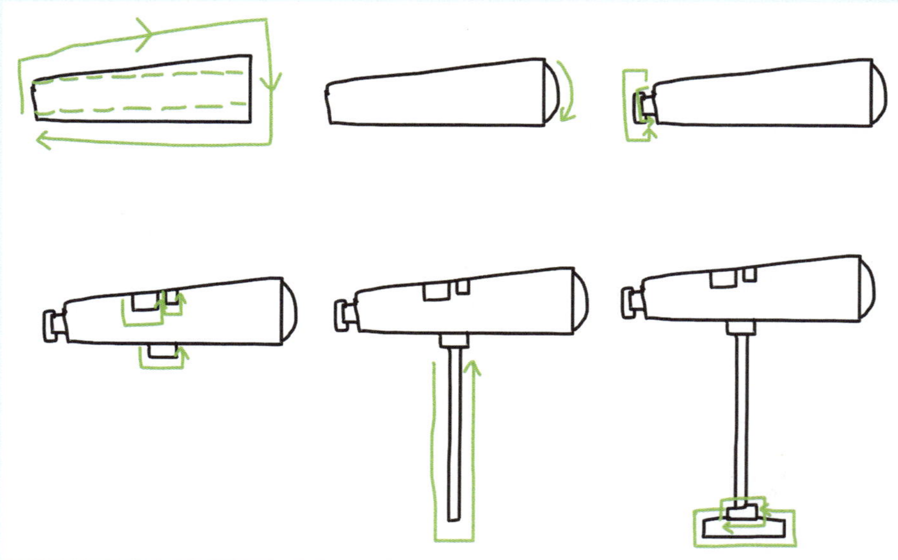

### Mögliche Bedeutungen:

- Vision
- Entwicklung, Zukunft
- Blick in eine bestimmte Richtung
- Ausschau halten (nach neuen Perspektiven, Geschäftsbereichen etc.)

## Gehirn

### So geht's:

### Mögliche Bedeutungen:

- Symbol für Wissen, Rationalität und Intelligenz
- Probleme/Fragestellungen intensiv herausarbeiten

## Smartphone

### So geht's:

### Mögliche Bedeutungen:

- Darstellung des Mediums selbst
- Symbol für Digitalisierung
- Kontaktwege
- Container für bestimmte Dienstleistungen oder Produkte
- Schlüsselbild für die Kombination von Möglichkeiten (Apps) in einem Produkt

## Laptop

### So geht's:

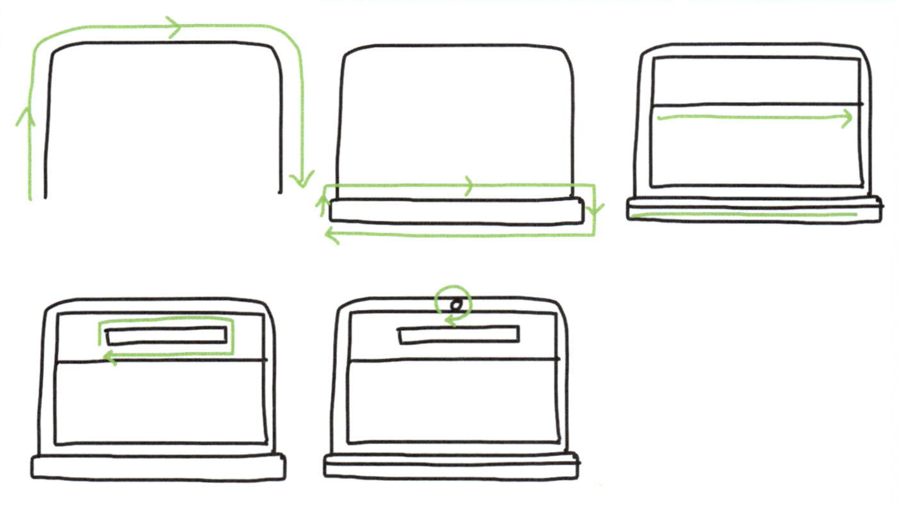

### Mögliche Bedeutungen:

- Darstellung des Mediums selbst
- Symbol für Arbeitsweise
- Container für Dienstleistungen oder Produkte
- Schlüsselbild für Flexibilität – mobiles Arbeiten

## Tablet

### So geht's:

### Mögliche Bedeutungen:

- Darstellung des Mediums selbst
- Symbol für neue Technologien
- Container für Dienstleistungen oder Produkte
- Schlüsselbild für Flexibilität – mobiles Arbeiten

# Einkaufswagen

## So geht's:

## Mögliche Bedeutungen:

- Symbol für Kaufverhalten, Shopping
- Konsum
- Container für Dienstleistungen oder Produkte

## E-Mail

### So geht's:

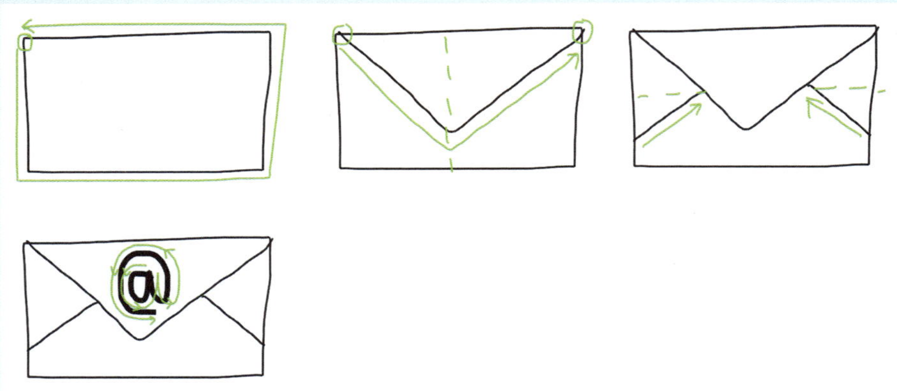

### Mögliche Bedeutungen:

- Symbol für Digitalisierung
- Kontaktwege
- Kundenkommunikation

## Diamant

### So geht's:

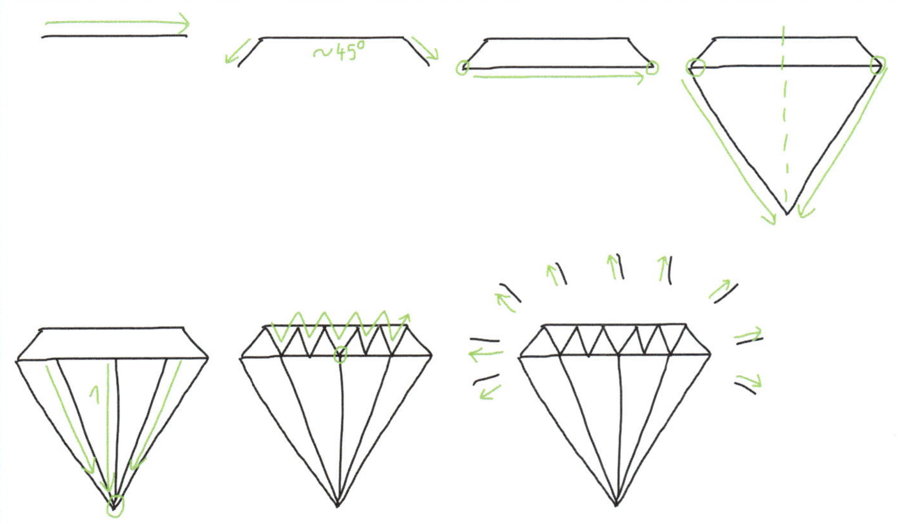


### Mögliche Bedeutungen:

- Werte, Selbstverständnis, Überzeugung, Philosophie eines Unternehmens
- Wertigkeit, Wertschätzung
- Qualitätsmaßstab (lupenrein)
- Rarität, Wettbewerbsvorteil, Mehrwert

# Kalender

## So geht's:

## Mögliche Bedeutungen:

- Zeitraum, Zeitdruck
- Zeitplanung
- Projektmanagement

## Dokument/Schriftstück

### So geht's:

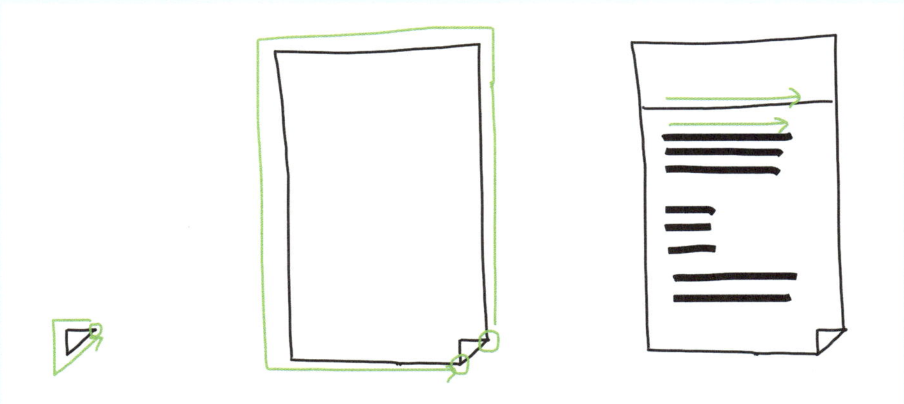

### Mögliche Bedeutungen:

- Regelung
- Verbindlichkeit
- Schriftverkehr
- klassischer Kommunikationskanal

## Ausweis/Visitenkarte

### So geht's:

### Mögliche Bedeutungen:

- Persona
- Identität, Unverwechselbarkeit
- Legitimierung, Zugehörigkeit

# Bürogebäude

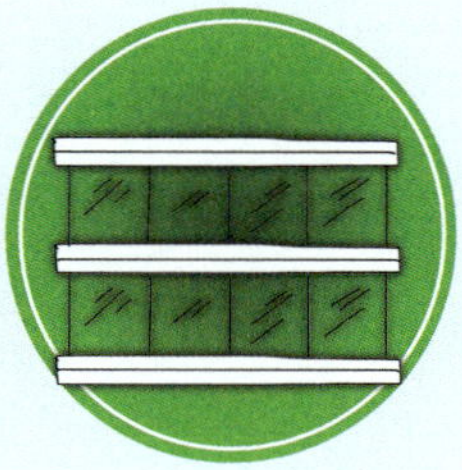

## So geht's:

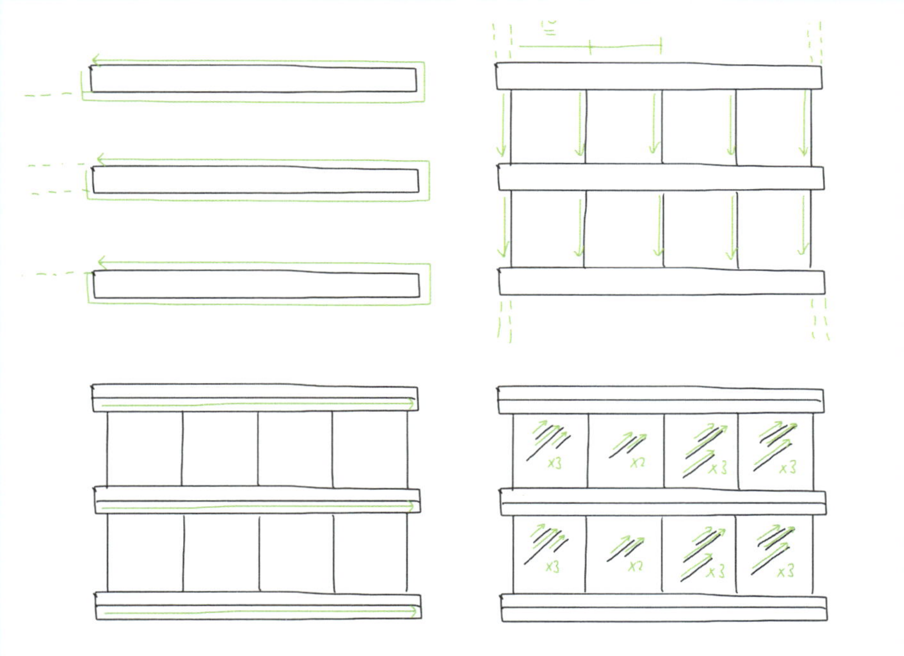

## Mögliche Bedeutungen:

- das eigene oder ein anderes (bestimmtes) Unternehmen
- Symbol für (klassische) Arbeitswelt
- Element szenischer Darstellung

# Kladde/Register

## So geht's:

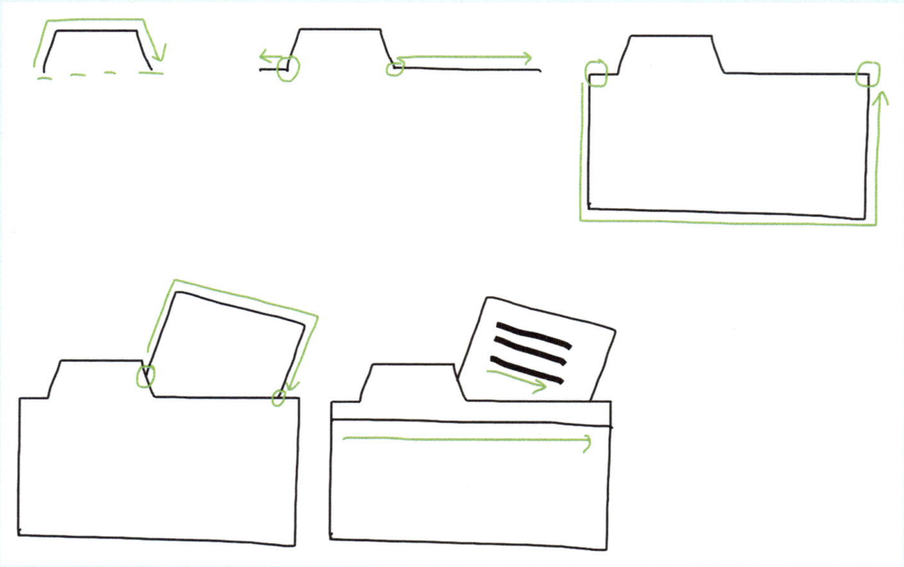

## Mögliche Bedeutungen:

- Projekt
- Ordnung
- Klassifizierung
- Archivierung

# Urkunde/Vertrag

## So geht's:

## Mögliche Bedeutungen:

- Verbindlichkeit
- hohe Wichtigkeit
- Auszeichnung

## Lineal

### So geht's:

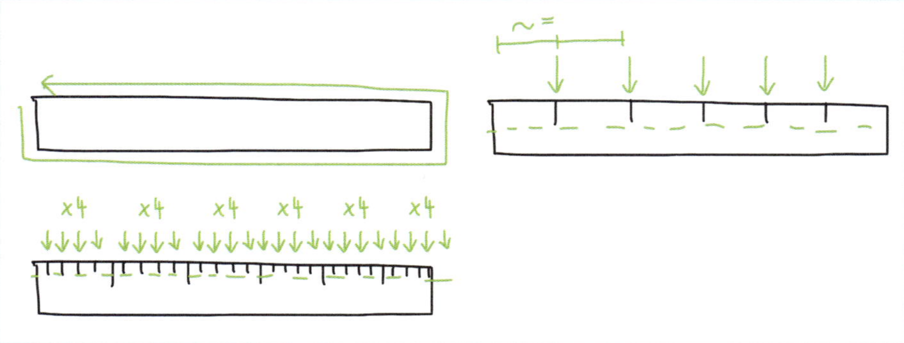


### Mögliche Bedeutungen:

- Maßstab (für Qualitätssteigerung/Umsatz etc.)
- Genauigkeit
- Wissenschaft

# Magnet

### So geht's:

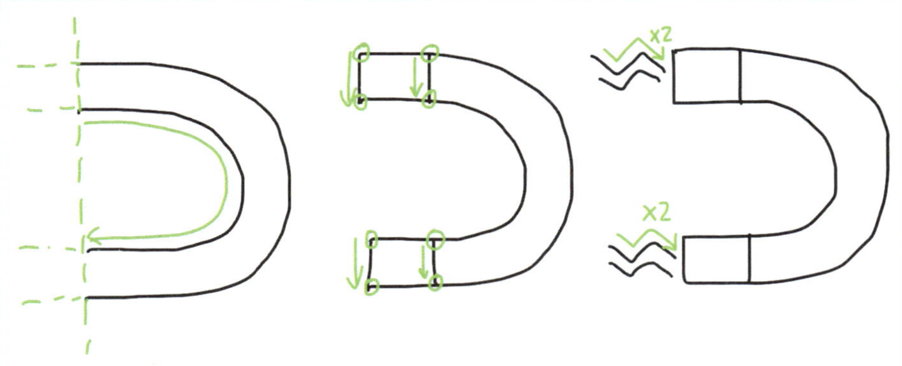


### Mögliche Bedeutungen:

- Anziehungskraft (übertragene Bedeutung)
- Pole, Spannungsverhältnis
- Kunden-/Verkaufsmagnet

## Preisschild

### So geht's:

### Mögliche Bedeutungen:

- Marke
- Wert
- Kosten, Investition
- Konsum

## Geschenk

### So geht's:

### Mögliche Bedeutungen:

- Belohnung
- Überraschung
- Kundenbindung

# Megafon

## So geht's:

## Mögliche Bedeutungen:

- Marketing
- Appell, Bekanntmachung, Warnung
- Werbung
- zentrale Botschaft

## Mülleimer

### So geht's:

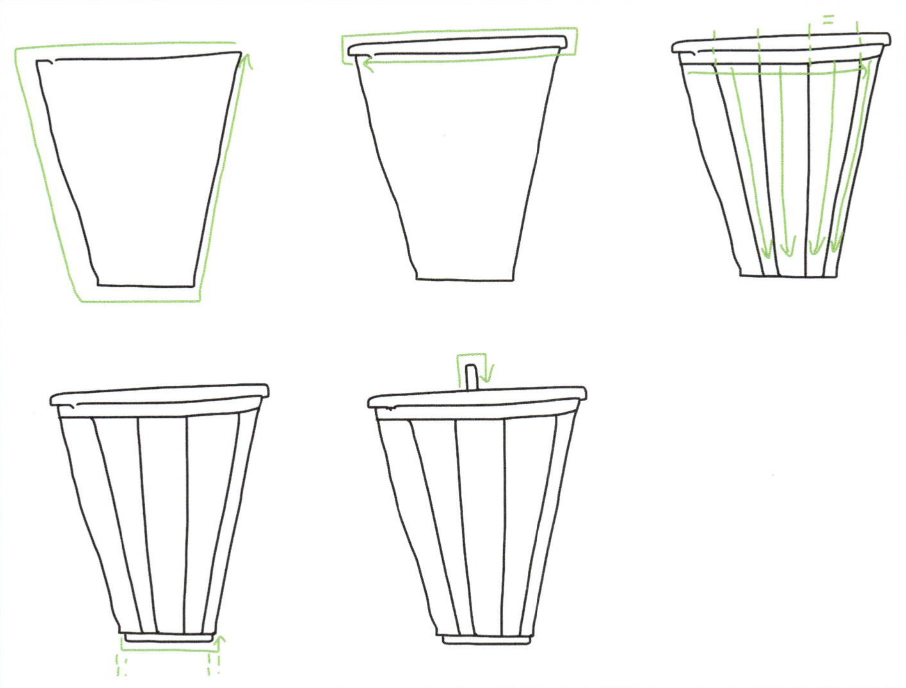

### Mögliche Bedeutungen:

- aussortieren
- sich verabschieden von alten Dingen/Angewohnheiten
- Wertlosigkeit von Dingen/Gedanken

# Mülleimer, gefüllt

## So geht's:

## Mögliche Bedeutungen:

- Unbrauchbares
- scheitern
- Phase in einem kreativen Prozess
- Konzentration auf Wesentliches

# Topfpflanze/Blume

## So geht's:

## Mögliche Bedeutungen:

- »Einen Blumentopf mit etwas gewinnen«
- für Wachstum sorgen durch Pflege
- Häuslichkeit, Vertrautes

## Baum

### So geht's:

### Mögliche Bedeutungen:

- Sinnbild für Basis (Wurzeln, Stamm) und Krone generell
- Natur, Umweltschutz, Social Responsibility
- Teil einer Bildlandschaft bzw. szenischen Gestaltung (Laubwald, Garten)

## Digitaluhr

### So geht's:

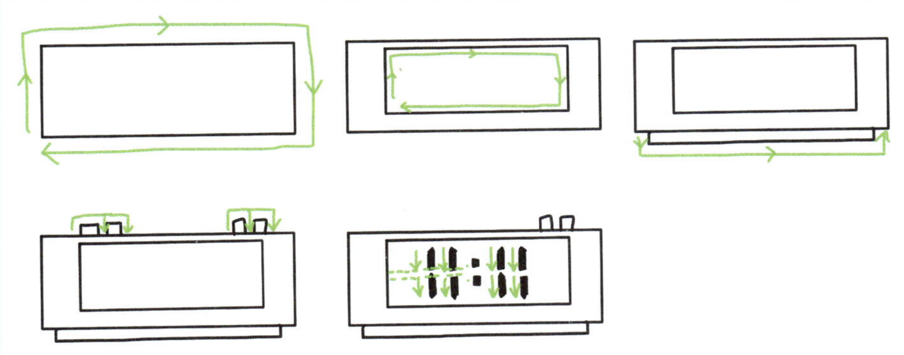

### Mögliche Bedeutungen:

- ein bestimmter Zeitpunkt
- geweckt werden, aufwachen (im übertragenen Sinne)
- Zeitmanagement und Effizienz
- im Gleichtakt mit der Digitalisierung sein

# Flipchart

## So geht's:

## Mögliche Bedeutungen:

- Sinnbild für Präsentation, Workshop, Meeting
- agile Arbeitsmethoden
- Teamwork

## Geldsack

### So geht's:

### Mögliche Bedeutungen:

- Gewinn, Wertschöpfung
- Budget, Investitionen
- Kosten senken, Sparpotenzial

# Schirm

## So geht's:

## Mögliche Bedeutungen:

- Schutz (vor Hitze, Regen)
- Sicherheit
- Umweltfaktoren/Faktoren von außen generell

# Stift

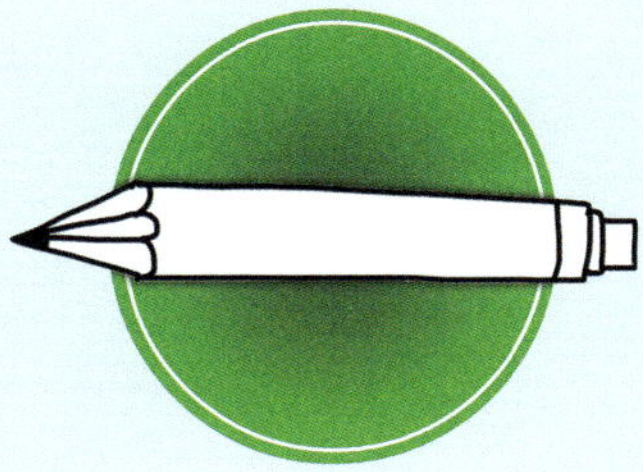

## So geht's:

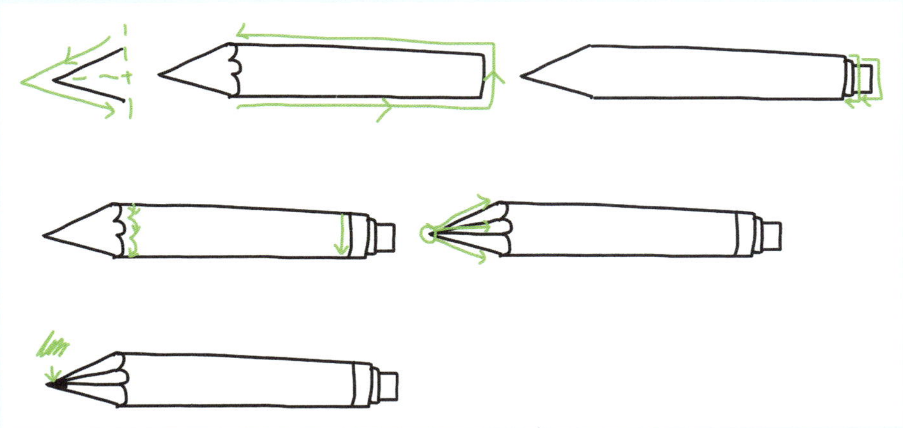

## Mögliche Bedeutungen:

- Gestalten, Kreativität
- etwas erarbeiten, darstellen, dokumentieren
- (persönliche) Notizen/Gedanken erfassen
- mit »gespitztem Bleistift« Dinge analysieren, Genauigkeit

## Eis

### So geht's:

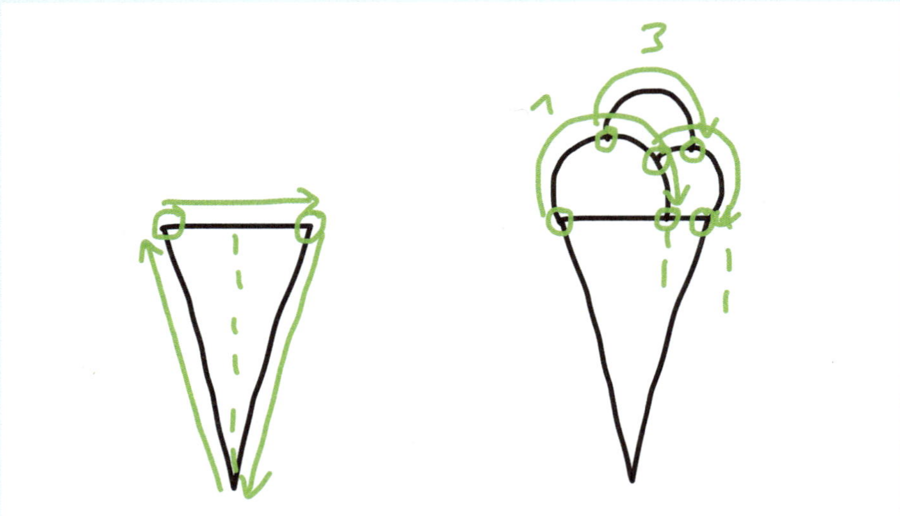


### Mögliche Bedeutungen:

- Süßigkeit
- Belohnung
- allgemein Beliebtes
- Erfrischendes

## Essgeschirr/Teller und Besteck

### So geht's:

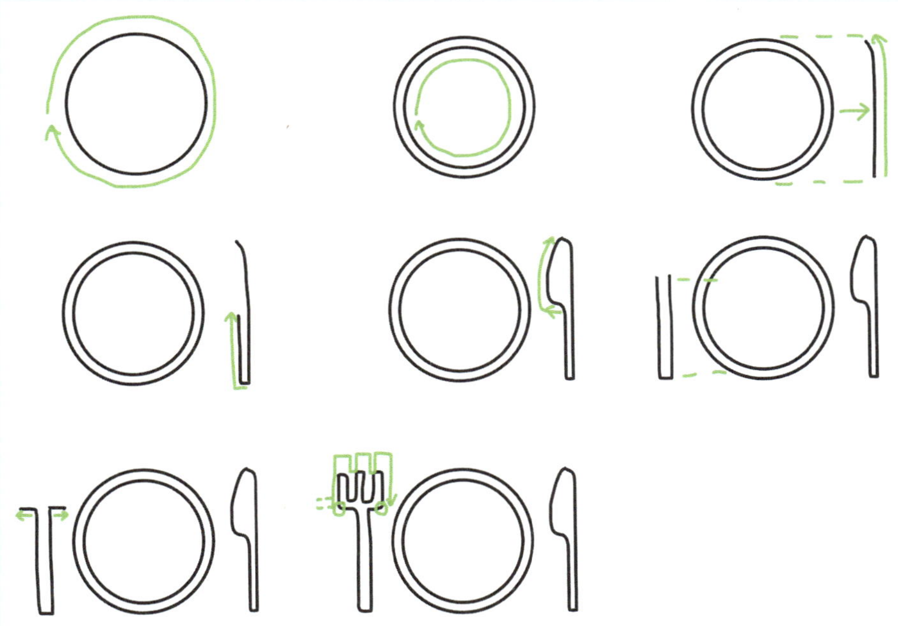

### Mögliche Bedeutungen:

- Präsentation
- vorbereitet sein – »Der Tisch ist gedeckt.«/»Es ist angerichtet.«
- Gäste/Kunden empfangen
- vor dem leeren Teller sitzen, warten

## Hühnerkeule

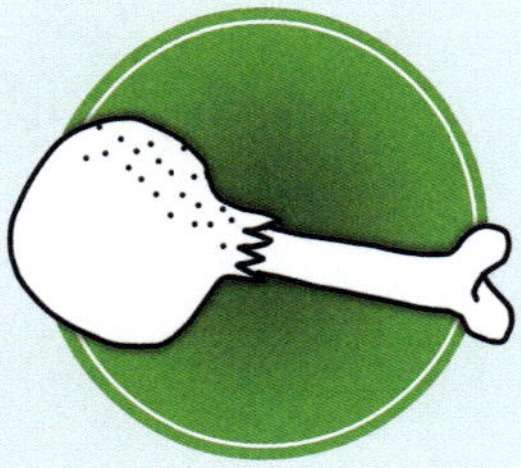

### So geht's:

### Mögliche Bedeutungen:

- Essen (als Primärbedürfnis und Genuss)
- das »beste Stück«/Mehrwert
- zupacken
- »Das braucht mehr Fleisch auf den Knochen.«

## Knochen

### So geht's:

### Mögliche Bedeutungen:

- Reduktion
- Herausforderung (harter Knochen)
- magere Zeiten

## Brille/Sonnenbrille

### So geht's:

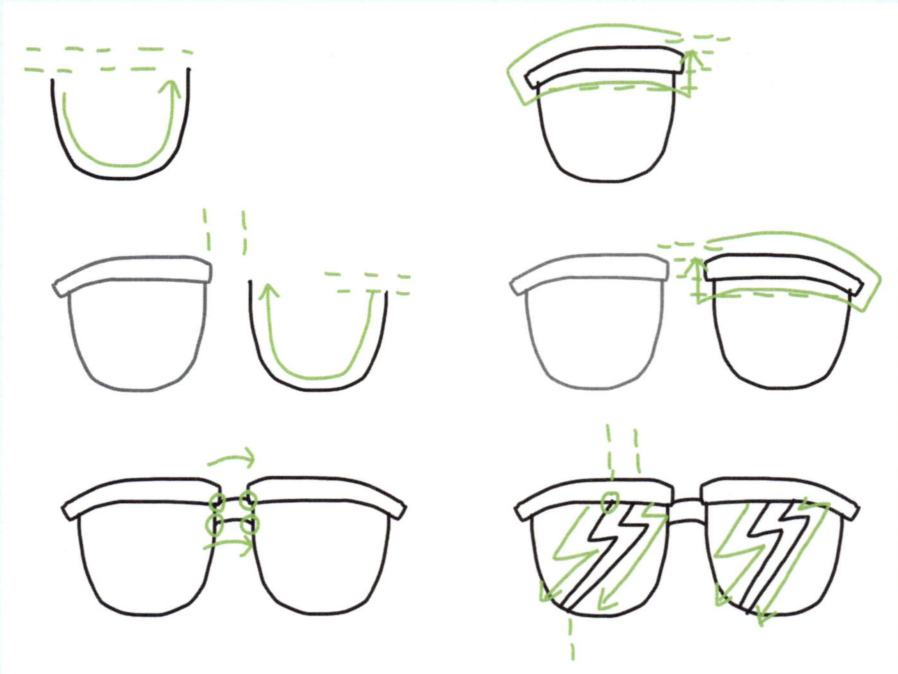

### Mögliche Bedeutungen:

- Durchblick
- Schutz (Sonnenbrille)
- Coolness, Souveränität
- Klarsicht (Brille)

## Herz

### So geht's:

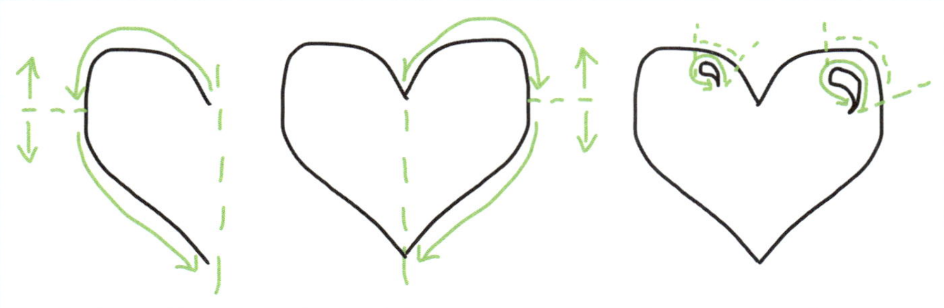

### Mögliche Bedeutungen:

- Liebe
- Empathie
- Emotionen
- an eine Sache mit Herzblut herangehen

## Hai

### So geht's:

### Mögliche Bedeutungen:

- drohende Gefahr
- im Haifischbecken sitzen

# Pfeil

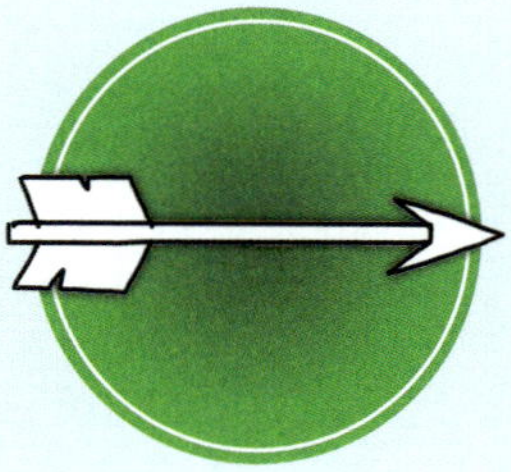

## So geht's:

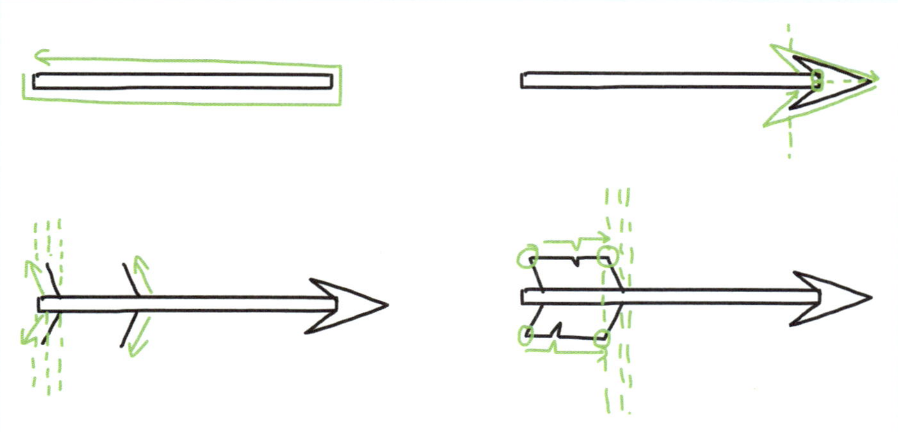

## Mögliche Bedeutungen:

- den Bogen (Pfeil) abschießen
- Ziel, etwas anzielen, zielgenau vorgehen
- ins Schwarze treffen
- etwas erjagen

## Tannenbaum

### So geht's:

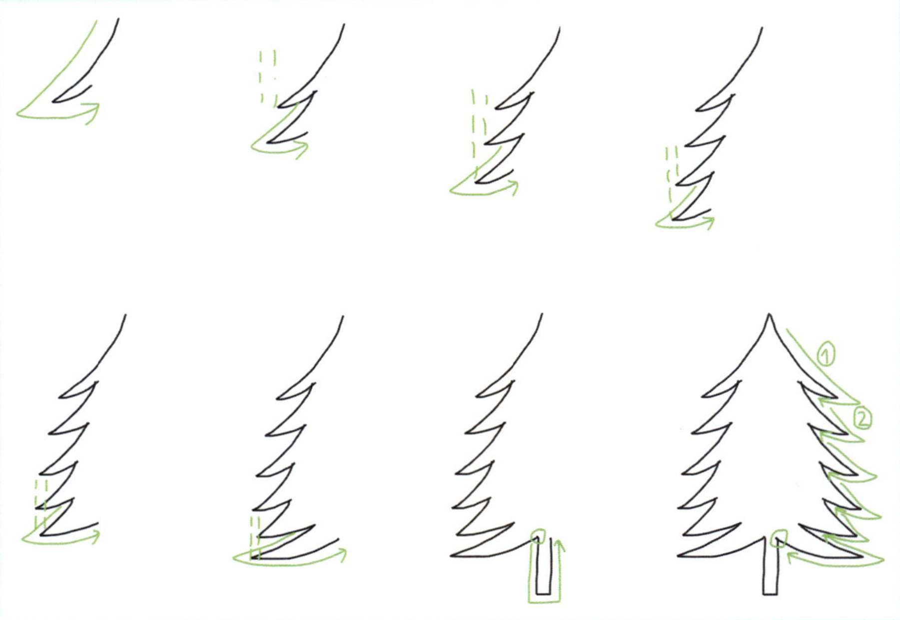

### Mögliche Bedeutungen:

- als Teil einer szenischen Bildlandschaft: Natur, Wald, Weihnachten
- Wachstum, Beständigkeit
- Vertrautheit (je nach Kulturkreis)

## Tasse/Kaffee

### So geht's:

### Mögliche Bedeutungen:

- Pause
- Gemütlichkeit
- sich austauschen
- sich etwas gönnen

## Heißluftballon

### So geht's:

### Mögliche Bedeutungen:

- Vision
- Träume
- Dinge von oben/aus der Distanz betrachten
- abheben
- Bodenhaftung verlieren

# Bombe

## So geht's:

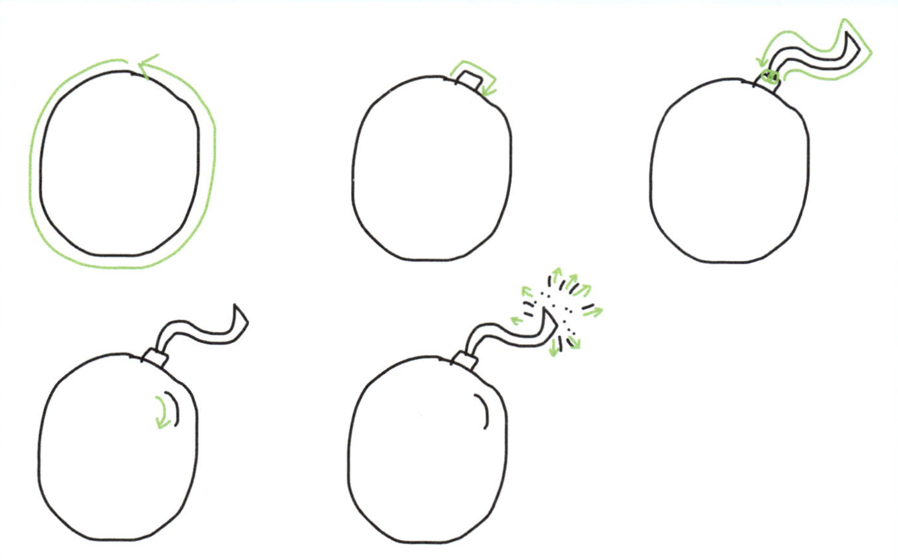

## Mögliche Bedeutungen:

- akute Gefahr, bevorstehende Katastrophe
- aggressives/gewaltsames Vorgehen
- Knüller im positiven Sinne (Preisknüller/-knaller)
- unerwartete Neuigkeiten

## Ball/Basketball

### So geht's:

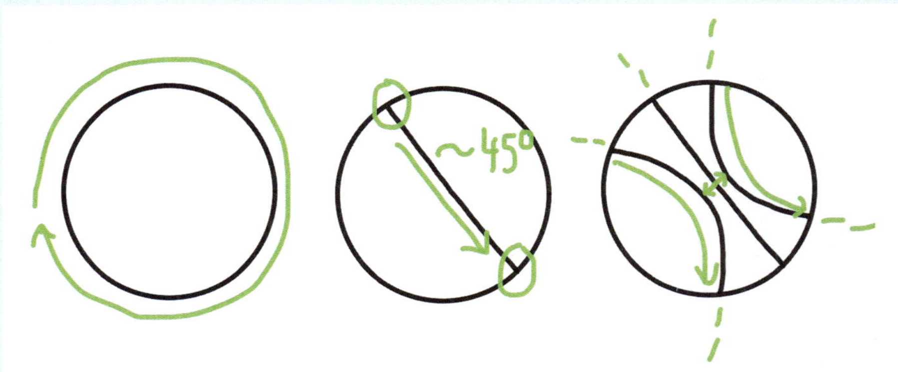


### Mögliche Bedeutungen:

- im Spiel sein/bleiben
- Dinge ins Rollen bringen
- Mannschaftsgeist

## Erde/Globus

### So geht's:

### Mögliche Bedeutungen:

- Globalisierung
- weltweite Tätigkeit
- universelle Bedeutung

## Geldmünze/Euro

### So geht's:

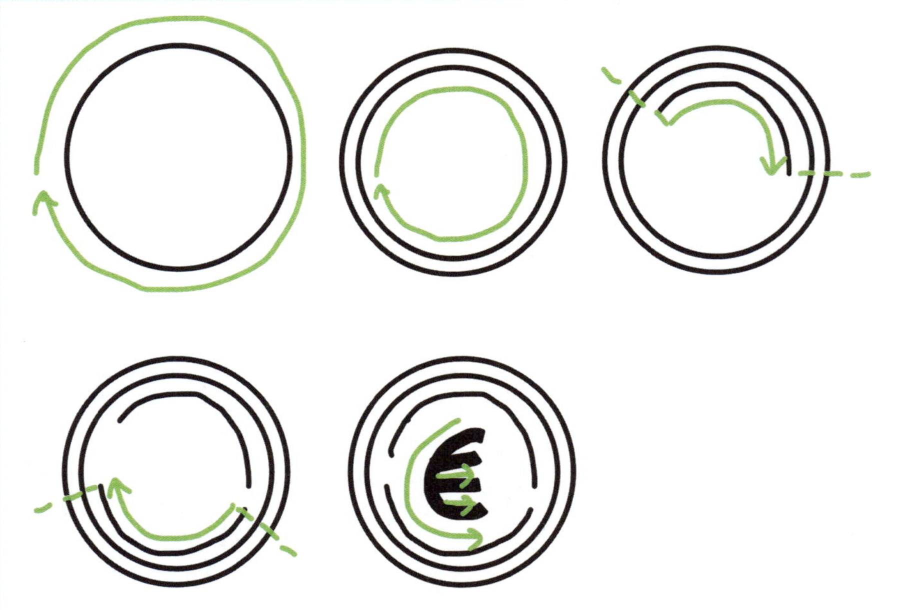

### Mögliche Bedeutungen:

- Kosten, Investition
- Besitz, Wert
- Kaufkraft
- Währung
- kostenbewusst vorgehen

## Tüte

### So geht's:

### Mögliche Bedeutungen:

- Einkauf
- benötigte Dinge/Materialien
- Ausstattung
- Investitionen

# Sonne/lachendes Gesicht

## So geht's:

## Mögliche Bedeutungen:

- gute Stimmung, Fröhlichkeit, Positivität
- Zuversicht, Optimismus
- sonnige Zeiten/Aussichten

## Trauriges Gesicht

### So geht's:

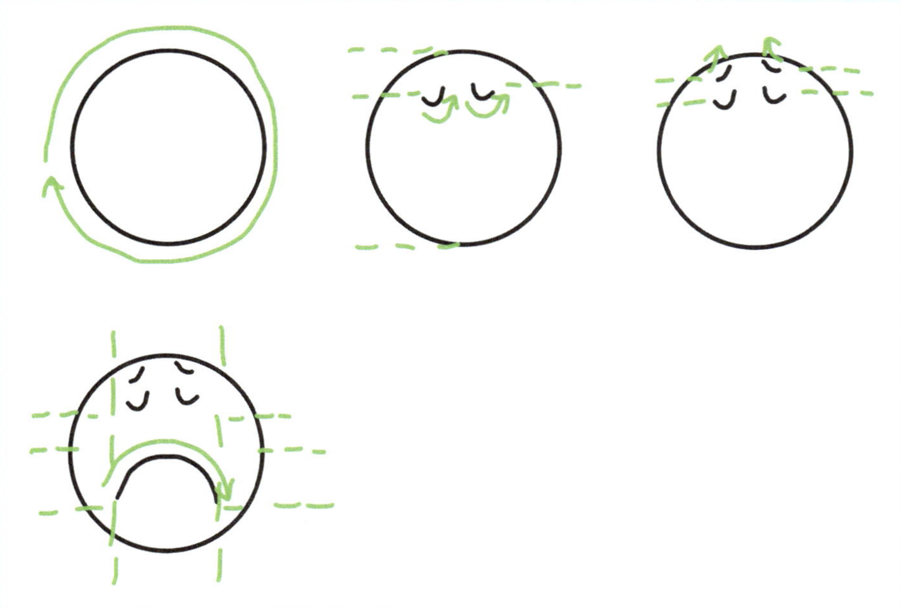

### Mögliche Bedeutungen:

- negative Gefühle
- Misserfolg, Trauer
- missliche Situation

## Sonne/ärgerliches Gesicht

### So geht's:

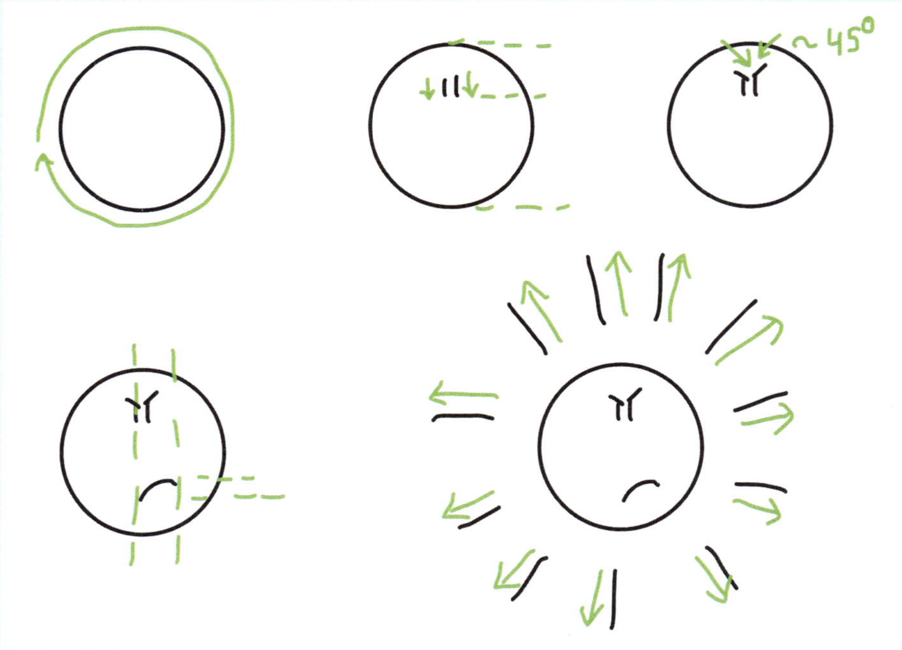


### Mögliche Bedeutungen:

- Missstimmung, schlechtes Betriebsklima
- Unzufriedenheit
- ungute Aussichten

## Uhren, analog

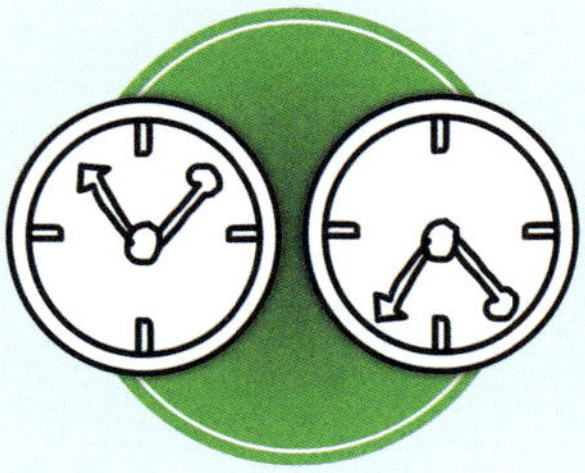

### So geht's:

### Mögliche Bedeutungen:

- Zeitmanagement
- mit Plan/Gemach vorgehen
- Tradition, historisches Bewusstsein (analoge Uhr)
- Zeiger oben – positiv: Es ist noch zeitig.
- Zeiger unten – negativ: Es ist schon (zu) spät.

## Wollknäuel

### So geht's:

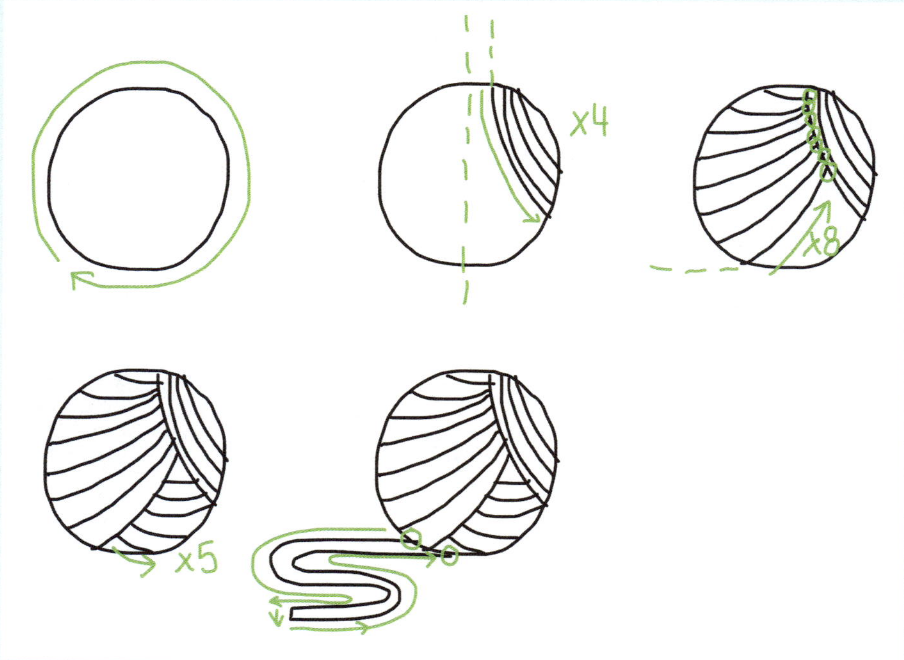


### Mögliche Bedeutungen:

- Entwicklung
- der »rote Faden«
- Grundstoff für Elementares (Kleidung, Textilien)

## Bonbon

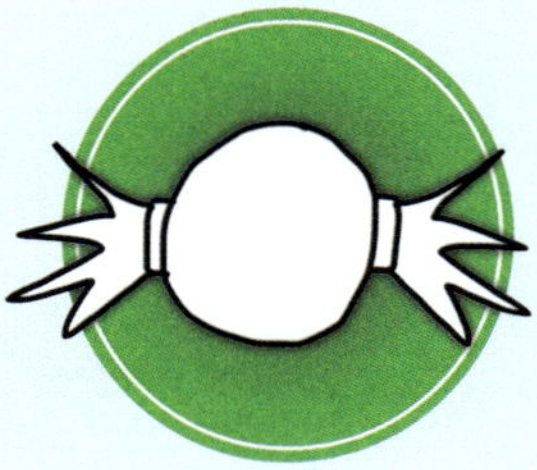

### So geht's:

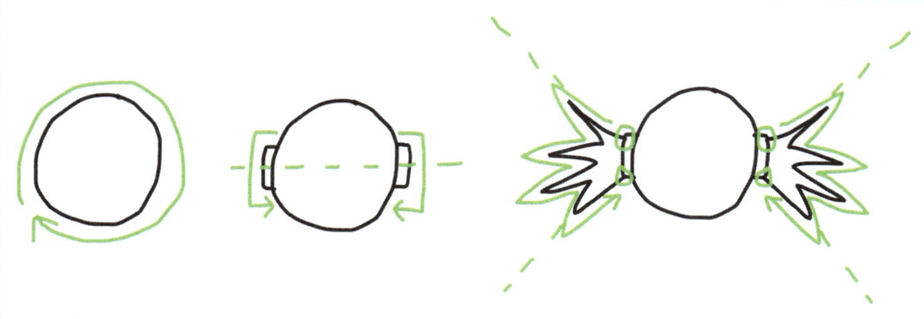

### Mögliche Bedeutungen:

- Belohnung
- Überraschung
- Knüller (Knallbonbon)

## Lupe

### So geht's:

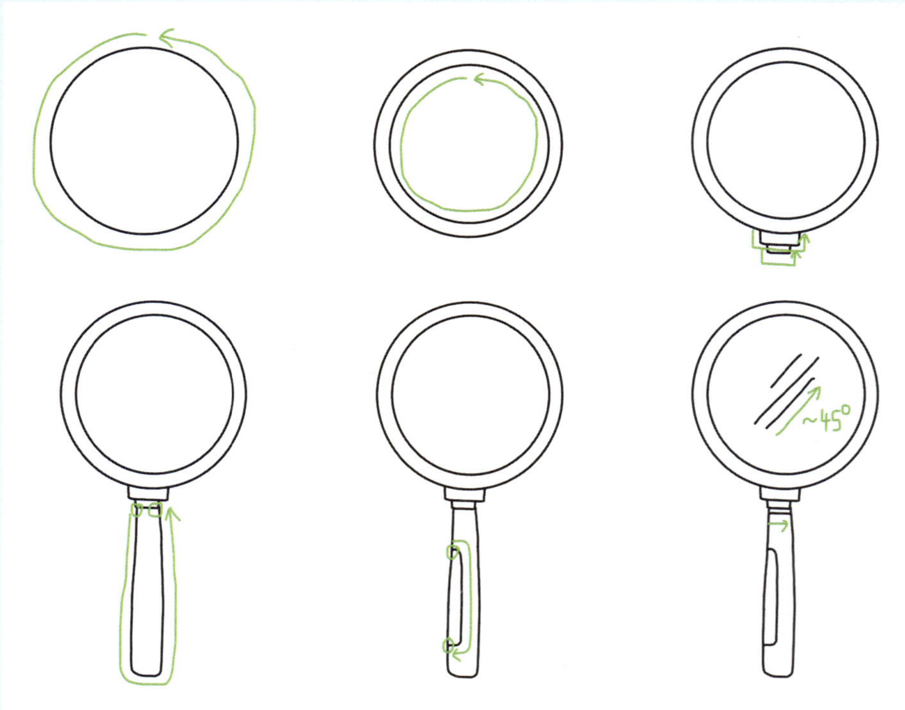


### Mögliche Bedeutungen:

- Analyse, Detektivarbeit
- Fokussierung
- Ursachenforschung
- Wissenschaft

## Herz Ass/Spielkarte

### So geht's:

### Mögliche Bedeutungen:

- hohe Spielkarte, Trumpf
- Gewinn
- hohes Potenzial

## Schloss/Vorhängeschloss, geschlossen

### So geht's:

### Mögliche Bedeutungen:

- Sicherheit, Sicherung
- Rätsel
- Herausforderung
- Hindernis

# Schloss/Vorhängeschloss, geöffnet

## So geht's:

## Mögliche Bedeutungen:

- Etwas ist schon erreicht/enträtselt/entschlüsselt worden.
- Es kann der nächste Schritt gemacht werden.

## Info

### So geht's:

### Mögliche Bedeutungen:

- allgemein verbindliches Symbol für Information/Infostand
- Wissen einholen

## Checkliste/Klemmbrett

### So geht's:

### Mögliche Bedeutungen:

- To-dos
- nach Plan vorgehen
- Überblick
- andere anleiten/kontrollieren

## Pokal

### So geht's:

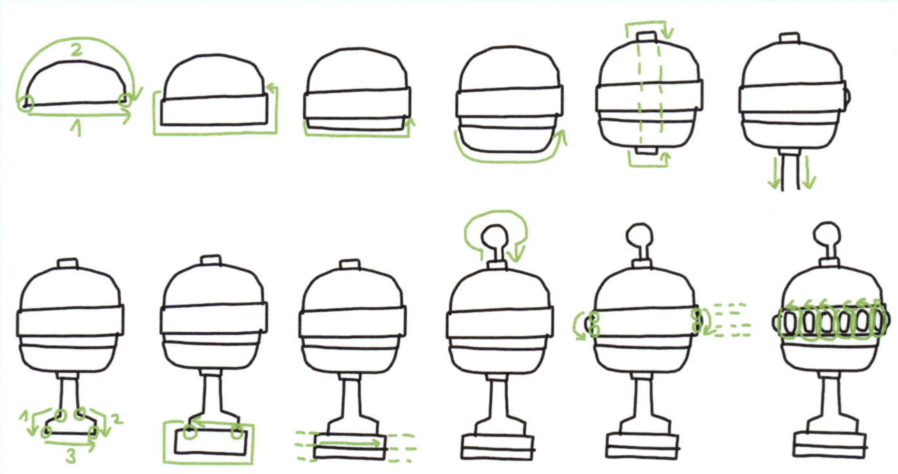


### Mögliche Bedeutungen:

- Ziel, bestes Ergebnis
- Ansehen, Auszeichnung
- Qualitätsmaßstab, Mehrwert

## Controller

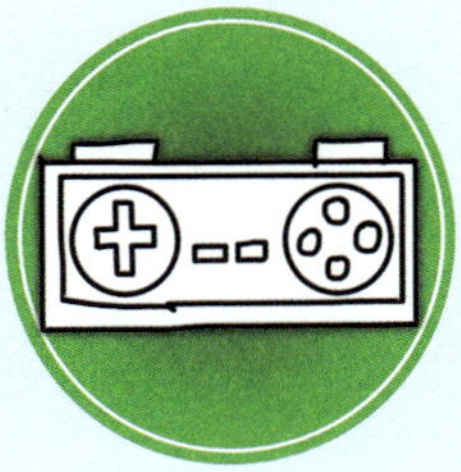

### So geht's:

### Mögliche Bedeutungen:

- etwas spielerisch in Angriff nehmen
- das Spiel beherrschen
- Steuerungsprozesse

## Krone

### So geht's:

### Mögliche Bedeutungen:

- Der Kunde ist König, bzw. die Kundin ist Königin.
- Kundenzufriedenheit als Ziel
- Marktführerschaft

## Auto

### So geht's:

### Mögliche Bedeutungen:

- Transportmittel
- Mobilität
- Fortbewegung, Reise

## Sanduhr

### So geht's:

### Mögliche Bedeutungen:

- Anzeige des Status quo
- allmählich/unaufhaltsam verrinnende Zeit
- Kontinuität
- schleichende Bedrohung
- Aus wenig (Sandkorn) wird viel.

## Hammer

### So geht's:

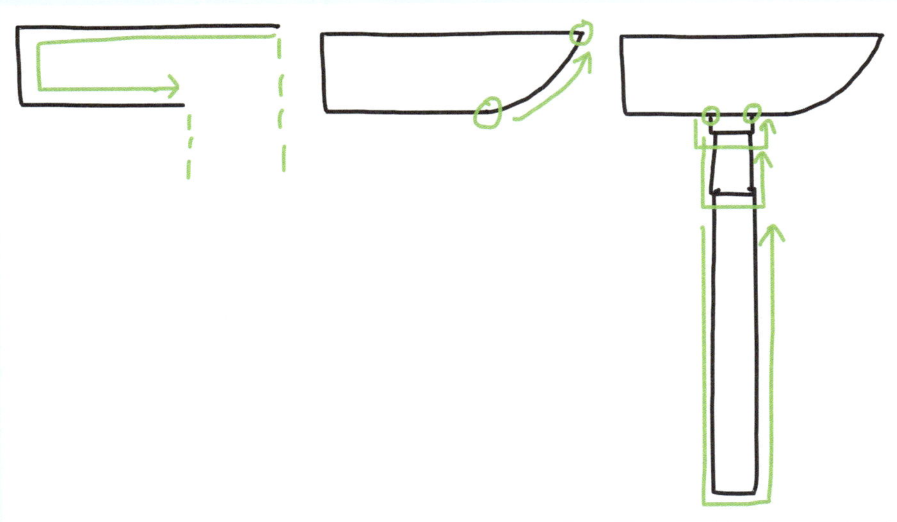

### Mögliche Bedeutungen:

- Werkzeug
- Durchsetzungskraft
- etwas in Angriff nehmen
- etwas aufbauen
- die nötigen Mittel

## Thermometer

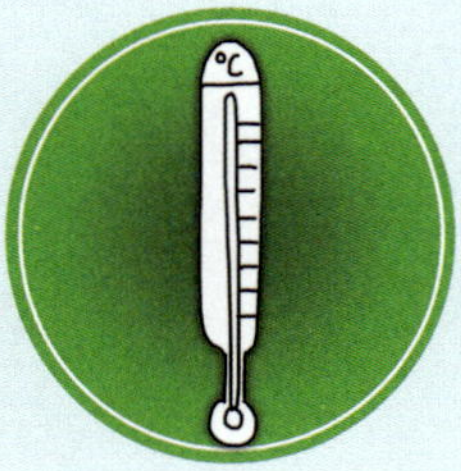


### So geht's:

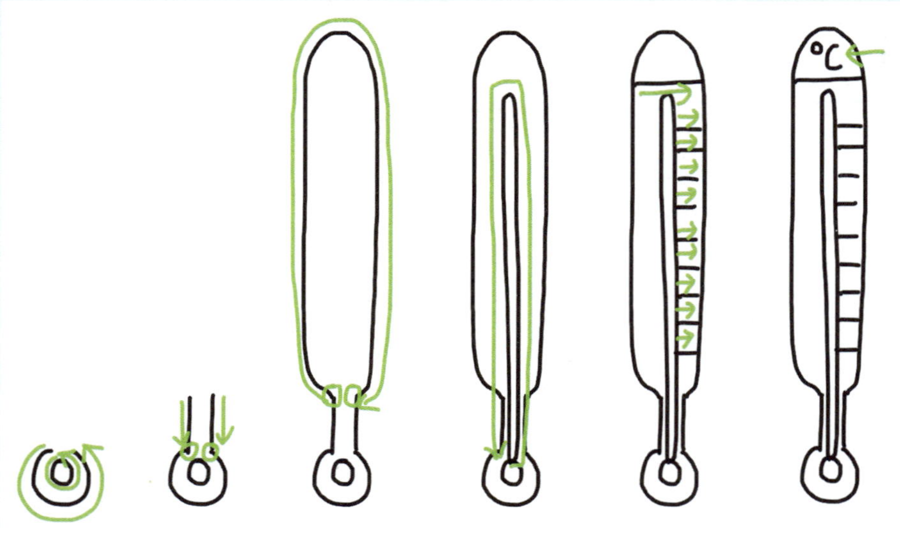


### Mögliche Bedeutungen:

- Anzeige des Status quo
- heiße Phase
- eisige Zeiten
- fieberhafte Bemühungen
- Krankheit

## Tür, geschlossen

### So geht's:

### Mögliche Bedeutungen:

- vor verschlossenen Türen stehen
- Aufforderungscharakter, den nächsten Schritt zu tun
- Geheimnisse

# Tür, geöffnet

## So geht's:

## Mögliche Bedeutungen:

- Aufforderung einzutreten
- einen neuen Raum/etwas Neues erkunden
- Eine Tür hat sich (plötzlich) aufgetan.

## Schild/Ortsschild

### So geht's:

### Mögliche Bedeutungen:

- Standort, Standortbestimmung, Standortwechsel
- Orientierung

# Waage

## So geht's:

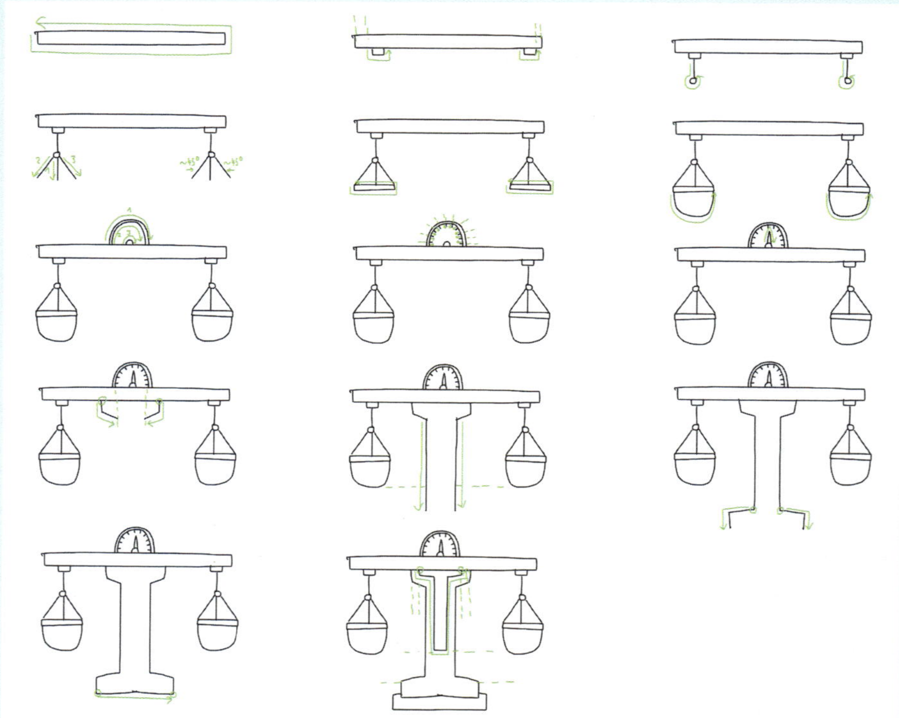

## Mögliche Bedeutungen:

- Gewichtung von zwei konträren Elementen
- Vergleich, Messbarkeit
- genau Maß nehmen
- Ausgleich, Gerechtigkeit

## T-Shirt

### So geht's:

### Mögliche Bedeutungen:

- Sommer, Signal für Jahreszeit
- Freizeit
- leger

## Kleid

### So geht's:

### Mögliche Bedeutungen:

- Weiblichkeit
- einfache Unterscheidbarkeit bei der Figurendarstellung

# Kapitel 10
# Figuren zeichnen mit VISU-Elle und VISU-Al

Sicher sind Sie der gleichen Überzeugung wie ich: Wenn man Geld für ein Visualisierungsbuch oder einen Visualisierungsworkshop investiert hat, sollte es einen erkennbaren Qualitätsunterschied in den Visualisierungen geben, die man danach erstellt. Dieser Qualitätsunterschied wird spätestens bei gezeichneten Figuren offensichtlich. Daher ist es auch der Anspruch, in diesem Buch Figuren zu entwerfen, die etwas hermachen und die alle hinbekommen, die dieses Buch gelesen haben.

**Abbildung 10.1** *Durch plastische Figuren wirken Ihre Visualisierungen professioneller.*

In diesem Kapitel also lernen Sie, die Figuren zu zeichnen, die Sie als Visualisierungshelfer im gesamten Buch begleiten. Darf ist vorstellen? VISU-Elle und VISU-Al.

Die beiden führen Sie nicht nur durch die Kapitel und die einzelnen Schritte. Sie sind auch sozusagen eine Blaupause, um daraus eigene Charaktere zu entwickeln, die sich auch am Flipchart schnell und ausdrucksstark zeichnen lassen.

Ein Tipp vorab: Zeichnen Sie Formen möglichst in einem Zug durch, ohne ab- und wieder neu anzusetzen. Dadurch ändert sich die Strichstärke nicht, und Ihre Figuren sehen besser aus. Seien Sie ruhig selbstbewusst beim Stricheziehen. Falls es beim ersten Mal nicht gelingt, ist das kein Drama! Versuchen Sie es einfach noch mal. Und spätestens nach einem vollgezeichneten DIN-A4-Blatt werden Sie deutliche Verbesserungen erkennen. Wahrscheinlich können Sie dann auch anderen schließlich auswendig beibringen, wie sie VISU-Elle und VISU-Al zeichnen können.

**Abbildung 10.2** *VISU-Al und VISU-Elle*

## Benötigte Materialien

Grundsätzlich empfehle ich Ihnen eine Zeichenunterlage zum Schutz des Tisches (bitte lesen Sie dazu auch den Kasten »Auf Nummer sicher gehen – Zeichenunterlage verwenden« in Kapitel 3, »Stift ist nicht gleich Stift – das richtige Setup«). Ob Sie dafür eine alte Zeitung oder eine gekaufte Zeichenunterlage aus dem Geschäft für Künstlerbedarf nehmen, ist natürlich Ihnen selbst überlassen. Darüber hinaus benötigen Sie die folgenden Materialien:

- Fasermaler schwarz mit Rundspitze (ca. 1 mm Strichstärke) – beispielsweise *Stabilo Pen 68*
- Marker mittel- bis dunkelgrün mit Keilspitze – z. B. *Neuland TwinOne* (Farbe 400)
- Marker hellgrau mit Keilspitze – z. B. *Neuland TwinOne* (Farbe 101)
- DIN-A4-Papier

## VISU-Elle zeichnen

Als Erstes zeichnen Sie die gesamten *Outlines*. Das sind die Außenlinien der Figur. Halten Sie sich dabei bitte ganz genau an die Anleitung! Versuchen Sie zu Beginn keine Abkürzungen zu nehmen, dann werden Sie sehen: Die beiden Charaktere VISU-Elle und VISU-Al werden bei Ihnen genauso aussehen wie hier im Buch. Abgucken ist also ausdrücklich erwünscht!

Nehmen Sie einen **schwarzen** Fasermaler. Meine Empfehlung ist ein Stabilo Pen 68. Dieser verfügt über eine dickere Spitze als der Stabilo Point 88 und zeichnet dadurch eine stärkere Linie. Falls Sie sich noch unsicher sind: Starten Sie einfach mit einem Bleistift.

### Und so geht's:

1. Zeichnen Sie zuerst den Kopf. Dazu zeichnen Sie einen Kreis. Er muss nicht perfekt rund sein.

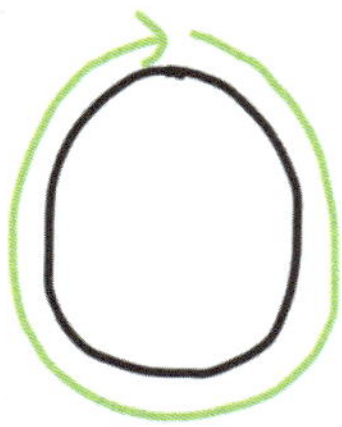

2. Jetzt zeichnen Sie die Haare. Zeichnen Sie am Pony einfach über den bereits gezeichneten Kreis. Malen Sie dabei *nicht* direkt aus! Zeichnen Sie nur die Outlines, also die Umrisse der Frisur nach.

3. Ausmalen, bitte! Jetzt können Sie den Inhalt gestalten, also innerhalb der Outlines den Stift fliegen lassen. Machen Sie alles schwarz.

**Professionell ausmalen**

Nehmen Sie Ihren Stift, und setzen Sie ihn so an, dass Linien etwa im 45°-Winkel entstehen. Zeichnen Sie nun, ohne abzusetzen, die gesamte Fläche aus, indem Sie den Stift hoch- und runterbewegen und dabei immer weiterverschieben, bis alles schwarz ist. Setzen Sie nur dann neu an, wenn Sie wirklich nicht mehr weiterkommen! Man nennt diese Technik, Farbe in- bzw. übereinander zu verteilen, auch *Nass-in-Nass*.

4. Für Augen, Nase und Mund zeichnen Sie einfach zwei nicht ganz gleich lange Striche, ein auf der Seite liegendes U und einen Sichelmond. Und schon lächelt VISU-Elle.

5. Zeichnen Sie als Nächstes den Kragen bzw. Ausschnitt von Elle. Orientieren Sie sich dabei an der Breite der Haare. Die Form erinnert an ein lang gezogenes U.

**6.** Zeichnen Sie nun die beiden Ärmel – und zwar *nur* die Ärmel!

**7.** Geschafft? Gut, dann weiter mit dem restlichen Kleid. Fangen Sie am besten an einer Seite an, und zeichnen Sie eine Linie nach unten. Wenn Sie meinen, die richtige Länge des Kleides erreicht zu haben, führen Sie die Linie nun horizontal bis zur anderen Seite und vervollständigen auch diese bis zum zweiten Ärmel – schon ist das Kleid fertig.

**8.** Jetzt sind die Beine dran. Setzen Sie direkt am Saum des Kleides an. Die Form erinnert an ein lang gezogenes Rechteck, bei dem eine Seite fehlt. Zeichnen Sie hier, genauso wie beim Kleid, in einem durch – runter, rüber, rauf. Nach Bein eins folgt Bein zwei.

Sie können bei der Form gern auch etwas vom ganz rechtwinkligen Rechteck abweichen und ein wenig mehr Schwung reinbringen – orientieren Sie sich einfach an der Zeichnung im Buch.

9. Die Arme hat gar keine Arme! Daher sind diese nun an der Reihe. Setzen Sie direkt am Ärmel an, und zeichnen Sie in einem durch eine etwas abgewandelte Form eines Us. Achten Sie darauf, dass die Hand als Rundung zu erkennen ist.

**Auf die Proportionen kommt es an**

Dadurch, dass Sie die Beine bereits gezeichnet haben, ist die richtige Proportion der Arme einfacher zu finden, da es einen Referenzwert gibt, an dem Sie sich orientieren können.

10. Jetzt fehlen noch die Füße. Halten Sie sich auch hierbei an die Anleitung: Zeichnen Sie zuerst die Outlines. Die Form ist dabei eine Mischung aus Parallelogramm und Trapez. Dadurch, dass Sie die Form der Füße gleich noch auszeichnen werden, ist hier eine Korrektur einfach gemacht. Ich lasse übrigens gern einen kleinen Abstand zwischen den Beinen und Füßen – das wirkt lebendiger.

11. Damit zum nächsten Schritt: noch mal ausmalen, bitte! Nehmen Sie Ihren schwarzen Stift, und füllen Sie den Inhalt zwischen den Outlines.

    Durch das Ausmalen mit Schwarz werden auch die schwarzen Outlines überzeichnet – das ist gewissermaßen eine Gelinggarantie für Ihre ersten Figuren. Wie Sie eine Figur mit sichtbaren Outlines zeichnen, erfahren Sie im Abschnitt »Figur in Bewegung – eine weitere Variante zeichnen« in diesem Kapitel.

**12.** Fast geschafft: Der Buchstabe auf dem Kleid fehlt noch. Natürlich können Sie den auch weglassen. Um das Zeichnen von Text bzw. Buchstaben in diesem Stil zu trainieren, ist es aber eine gute Übung. Auch um besser zu werden, wenn es um die Aufteilung und Ausnutzung von Fläche geht – schließlich muss das E ja auch in die Outlines des Kleides passen.

Zeichnen Sie zuerst den äußeren Teil des Es. Dabei empfehle ich Ihnen, möglichst mit dem linken Strich des Es zu beginnen – dadurch stellen Sie sicher, dass Sie nach oben hin nicht am Hals enden. Bestimmen Sie also zunächst eine Höhe, auf der Sie starten möchten. Nun zeichnen Sie den Rest des Es – wenn möglich, ohne abzusetzen!

**13.** Jetzt fehlt nur noch etwas Farbe. Nehmen Sie Ihren grünen Stift. Hier empfehle ich einen Marker mit einer Keilspitze. Dieser füllt Flächen schnell aus. Ein gutes Produkt ist der Neuland TwinOne. Er verfügt neben der Keilspitze auch über eine Pinselspitze. Zeichnen Sie etwas oberhalb des Saums die grüne Linie ein. Im Anschluss können Sie richtig loslegen und wie oben beschrieben alles ausmalen.

Sie haben es geschafft! Ihre erste selbst gezeichnete VISU-Elle!

Sie sind noch nicht zufrieden mit dem Ergebnis? Dann starten Sie direkt noch mal. Übung macht den Meister gilt beim Visualisieren wortwörtlich. Hier folgend noch einmal die komplette Anleitung im Überblick. Zum Ausdrucken in einem größeren Format und als Kopiervorlage finden sie diese auch noch einmal in Ihren Download-Materialien.

**Abbildung 10.3** *Aus einfachen Schrittfolgen entsteht eine Figur.*

## VISU-Al zeichnen

Diversität ist heutzutage wichtiger denn je, auch in der Visualisierung. Daher lernen Sie nun gleich anschließend, wie Sie eine männliche Figur, in unserem Beispiel VISU-Al, zeichnen können. Da Sie beim Zeichnen von VISU-Elle bereits Erfahrungen sammeln konnten und verstanden haben, worauf es beim Figurenzeichnen ankommt, ist die folgende Anleitung auch schon etwas kürzer gehalten. Denn vom Ablauf her ist nahezu alles identisch.

Auch VISU-Al habe ich für Sie nach dem Prinzip »schwarze Outlines und schwarze Flächen« entworfen. Wenn Sie sich genau an die Schrittfolge halten, kann dabei also im Grunde nichts schief gehen.

## Und so geht's:

1. Starten Sie auch hier mit dem Kopf. Dieser ist bei VISU-Al etwas eckiger als bei VISU-Elle.

   Solche kleinen Unterschiede sorgen für große Unterschiede bei der Darstellung Ihrer Figuren und damit für Abwechslung.

2. Zeichnen Sie nun die Frisur. Anders als bei VISU-Elle besteht die Frisur von VISU-Al aus drei Teilen. Dadurch wird das Zeichnen sogar einfacher. Im Prinzip zeichnen Sie drei Ovale.

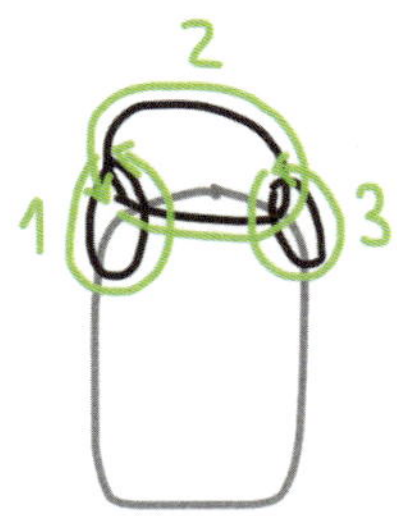


3. Nun geht es an die Coloration. Malen Sie also bitte die Frisur aus. Mit dem schwarzen Fasermaler überzeichnen Sie die Outlines des Kopfes.

4. Für Augen, Nase und Mund zeichnen Sie einfach Strich, Strich, ein liegendes U, dessen Öffnung diesmal nach links zeigt, und ein Melonenstück. Und schon bekommt Al ein freundliches Gesicht.

5. Jetzt folgt der Kragen. Machen Sie diesen ein wenig breiter als den Kopf.

6. Für die Ärmel setzen Sie jeweils an einem der Endpunkte des Kragens an – versuchen Sie, möglichst in einem durch zu zeichnen, ohne abzusetzen.

7. VISU-Al trägt ein T-Shirt. Zeichnen Sie also den dafür noch fehlenden Teil, indem Sie die Linien von einem zum anderen Ärmel ziehen.

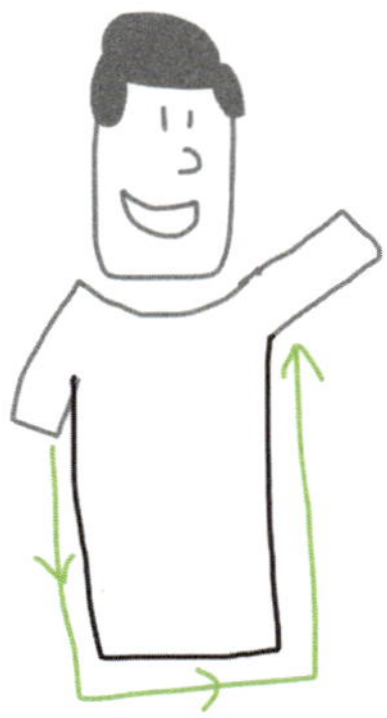

8. Weiter im Takt. Ganz ohne Beine wollen wir unseren Al wohl nicht lassen.

Ich empfehle stets, die Arme immer nach den Beinen zu zeichnen, da die Proportionen so intuitiver gefunden werden und also am Ende besser passen.

9. Mit den passenden Schuhen kommen wir dem fertigen Al immer näher.

Das Ausmalen bitte auch nicht vergessen!

**10.** Um Al von Elle auch textlich unterscheiden zu können, platzieren Sie noch den Anfangsbuchstaben seines Vornamens auf seinem T-Shirt.

**11.** Nun noch der letzte Schliff. VISU-Al steht total auf Streifen. Daher gestalten wir auch sein T-Shirt in diesem Stil.

Super! Ihr erster selbst gezeichneter VISU-Al wird in etwa so aussehen:

**Manchmal ist Schwarz-Weiß-Denken auch ganz nützlich ...**
Ich möchte Sie bestimmt nicht dazu ermuntern, in Schubladen zu denken, darum geht es auch gar nicht. Da Bildsprache aber genauso wie jede andere Sprache missverstanden werden kann, ist es durchaus zulässig bzw. hilfreich, sich zuweilen bestimmter Stereotypen zu bedienen, um Eindeutigkeit für die Betrachtenden zu schaffen. Natürlich trägt nicht jede Frau Kleider, und nicht jeder Mann hat kurze Haare; im Fall der beiden Charaktere VISU-Elle und VISU-Al kann durch solche Merkmale jedenfalls mit wenigen Strichen der entscheidende Unterschied zwischen weiblich und männlich aufs Papier gebracht werden. Grundsätzlich empfehle ich Ihnen aber, bei Ihren Visualisierungen sensibel mit diesem Thema umzugehen bzw. sich bewusst zu sein, dass diese (pragmatischen) Unterscheidungsmerkmale durchaus wahrgenommen und auch bewertet werden.

Auch zu VISU-Al finden Sie hier folgend und in Ihren Download-Materialien noch einmal die komplette Anleitung im Überblick.

**Abbildung 10.4** *Zum Zeichnen von VISU-Al benötigen Sie wenige Grundformen bzw. Striche.*

Über Ihr Feedback, ob VISU-Elle und VISU-Al wirklich so einfach zu zeichnen sind, wie ich es bei der Entwicklung der beiden Charaktere geplant und Ihnen in dieser Anleitung zu vermitteln versucht habe, freue ich mich. Schreiben Sie mir also gern an: *hallo@visualisierungs-fuchs.de*. Auch Verbesserungsvorschläge sind herzlich willkommen!

## Ein Repertoire an unterschiedlichen Figuren anlegen

Die Grundlage ist gelegt! Ab jetzt sind Sie in der Lage, Figuren zu zeichnen. Egal, wie diese aussehen sollen. Aufbauend auf dem Zeichenstil von VISU-Elle und VISU-Al können Sie nämlich viele weitere Charaktere entwerfen.

Tauschen Sie dazu einfach Details aus. Nachfolgend ein paar Beispiele, wie Sie mit einigen wenigen Änderungen ein ganzes Team an Figuren erstellen.

### Köpfe austauschen

Im folgenden Beispiel zeige ich Ihnen, wie Sie mithilfe von verschiedenen Kopfformen, Haaren und Gesichtszügen immer neue Charaktere entwickeln. Es gibt sicher noch mehr. Probieren Sie das aus, was Ihnen gefällt. Nutzen Sie dafür aber immer einfache Formen, die sich in einem Schwung zeichnen lassen. Vor allem die Frisuren machen den Unterschied. Hierdurch können Sie 100 unterschiedliche Looks kreieren.

**Abbildung 10.5** *Aus fünf Kopfformen entstehen fünf weibliche und fünf männliche Figuren.*

Auch der Ausdruck des Gesichts, die Entfernung der Augen, der Nase und des Mundes zueinander, erzeugen viele weitere Darstellungsmöglichkeiten.

Nutzen Sie diese Varianten! Erstellen Sie Ihr eigenes Visualisierungsteam. Falls Sie Inspiration suchen: Schauen Sie doch mal in den Spiegel oder in die Runde Ihrer Kolleginnen und Kollegen …

## Noch mehr Möglichkeiten durch andere Kleidung

Mit wenigen Strichen lassen sich auch unterschiedliche Kleidung bzw. Körperformen auf Basis der Grundfiguren erstellen.

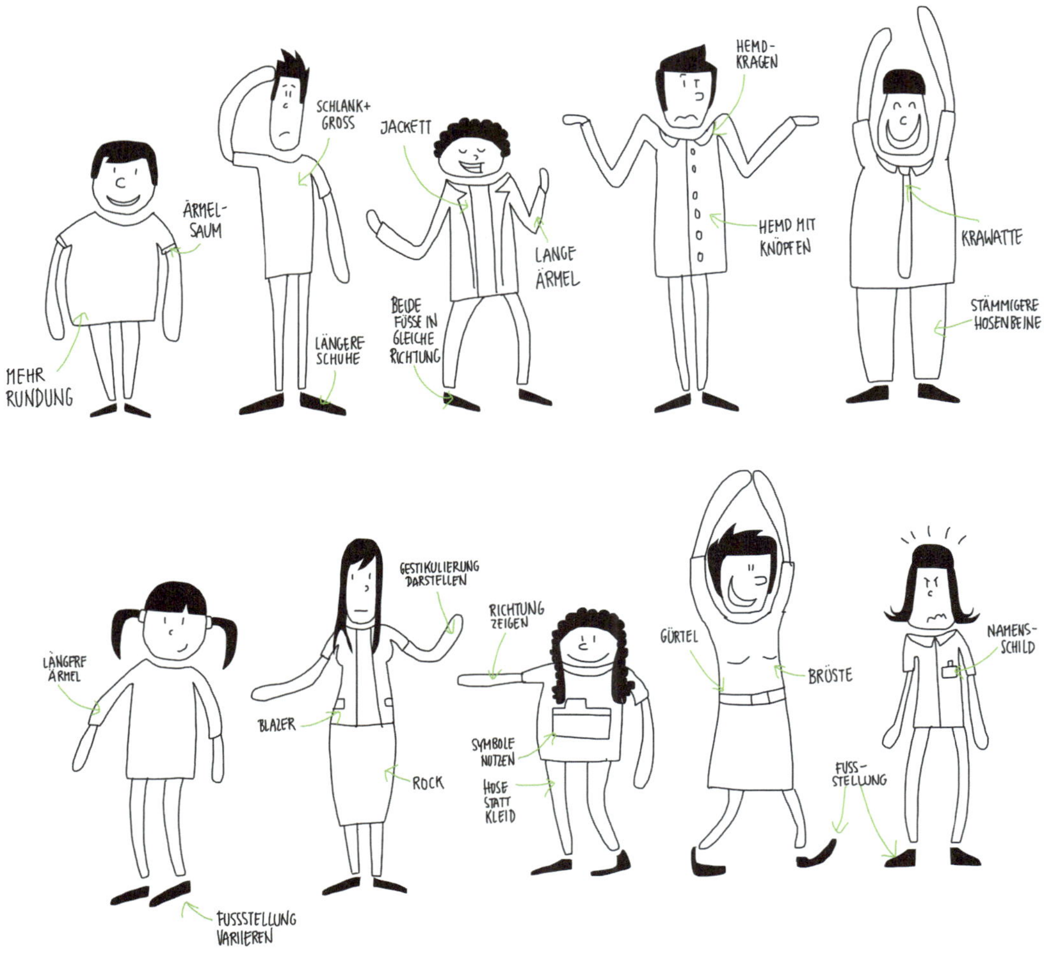


**Abbildung 10.6** *Minimale Veränderungen erzeugen große Varianzen.*

## Farben und Schattierung

Schon durch den Einsatz von ein, zwei Farbakzenten können Sie für große Veränderungen sorgen. Verleihen Sie durch Schattierungen bzw. Muster Ihren Figuren den letzten Unterschied.

Lesen Sie dazu ggf. auch noch einmal die Textpassagen zu Coloration und Schattierung in Kapitel 3, »Stift ist nicht gleich Stift – das richtige Setup«, sowie Kapitel 4, »Farbe als Gestaltungselement«.

**Abbildung 10.7** *Farbkombinationen in einem Farbton, innen- und außenliegende Schattierungen, Quer- und Längsstreifen – damit sorgen Sie für visuelle Abwechslung.*

**Charaktere für Ihr visuelles Vokabelheft**

Wenn Sie durch Ausprobieren verschiedener Varianten auf DIN-A4-Papier einige Charaktere entwickelt haben, mit denen Sie zufrieden sind, dann empfehle ich Ihnen, die Figuren von den losen Blättern als Reinzeichnung in Ihr visuelles Vokabelheft zu übertragen. Das kann ein klassisches Sketchbook oder auch ein digitales Zeichenprogramm sein. Diese Vorarbeit lohnt nach meiner Erfahrung immer; sie gibt Sicherheit am Flipchart und spart am Ende viel Zeit. Vielleicht haben Ihre Figuren eine unterschiedliche Gestik, die bestimmten Eigenschaften oder Stimmungen entspricht? Später am Flipchart schlagen Sie die passende Figur auf und zeichnen sie aus Ihrem Heft oder der geöffneten Datei einfach direkt ab!

## Figur in Bewegung – eine weitere Variante zeichnen

Wenn Sie gern das Entwerfen von Figuren noch etwas trainieren möchten, dann kommt die folgende Variante für Sie infrage. Bis hierhin haben Sie bereits einige unterschiedliche Kopf- und Körperformen kennengelernt – damit haben Sie aber noch keine Anleitung erhalten, wie Sie beispielsweise einen Arm vor einem Körper abbilden. Damit Sie gleich zu Beginn Erfolge beim Zeichnen verbuchen können, habe ich mich in diesem Kapitel bisher darauf beschränkt, VISU-Elle und VISU-Al – von den Haaren einmal abgesehen – ohne sich überschneidende Ebenen zu zeichnen. Wie Sie mit der Ebenen-Überschneidung ganz neue Wirkungen erzeugen, lernen Sie nun in diesem Abschnitt.

Grundsätzlich plädiere ich dafür, dass Sie in der Praxis möglichst schnell zu Fasermaler bzw. Marker greifen sollten. Beim Zeichnen von Ebenen-Überschneidungen empfehle ich Ihnen aber unbedingt das Vorzeichnen mit dem Bleistift. Erst wenn Ihre Figur so aussieht, wie Sie es sich vorstellen, sollten Sie diejenigen Outlines, die Ihnen gelungen erscheinen, mit dem geeigneten Stift nachzeichnen und überschüssige Bleistiftlinien anschließend wegradieren, sofern Sie nicht ohnehin durch das Ausmalen unsichtbar werden.

Im folgenden Beispiel zeige ich Ihnen, wie Sie eine weibliche Figur mit braunen Haaren, die über die Schultern fallen, zeichnen, und wie Sie darstellen können, dass die Figur dynamisch einen Arm vor den Körper hebt:

1. Nehmen Sie also Ihren Bleistift zur Hand, und starten Sie wie üblich mit dem Kopf.
2. Dann zeichnen Sie die Haare – diesmal sind sie aber etwas länger und überlagern den Kopf an mehreren Stellen.

3. Jetzt folgt das Gesicht – Strich, Strich, U und Melone. Als Nächstes ziehen Sie die Linie für den Kragen.

4. Anschließend kommen wie immer die Ärmel und erst dann der Rest der Kleidung – hier ein T-Shirt.

**5.** Weiter geht's mit den Beinen. Um Bewegung anzudeuten, zeichnen Sie diese in einem leichten Bogen; das hintere Bein sollte etwas schmaler sein.

**6.** Ergänzen Sie schließlich die Arme, und platzieren Sie dabei den von Ihnen aus gesehen rechten Arm vor dem Körper. Nun noch schnell die Schuhe gezeichnet.

Zum Schluss kommen die Outlines. Sie zeigen die Konturen der Figur. Diese müssen der Realität entsprechen, und daher gilt es jetzt, genau zu schauen: Welches Element ist jeweils im Vordergrund?

Starten wir mit den Haaren. Diese sind vor der Stirn und vor einem Teil der Ärmel. Das bedeutet, dass Sie diese Bleistiftlinien nun mit Fasermaler oder Marker nachzeichnen. Auch der Arm befindet sich vor dem Körper und wird also als Outline dargestellt.

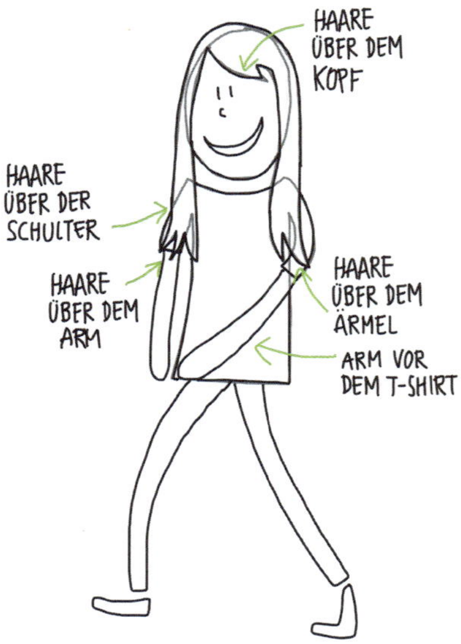


**Abbildung 10.8** *Alle Outlines im Vordergrund und Ebenen, die andere überlappen, werden mit dem Fasermaler oder Marker nachgezeichnet.*

**Abbildung 10.9** *Anschließend werden die überflüssigen Bleistiftstriche wegradiert.*

Nun geht es ans Ausmalen. Dadurch, dass wir eine andere Sortierung der Ebenen vorgenommen haben, gibt es hier auch andere Optionen. Jetzt ist es beispielsweise problemlos möglich, der Figur eine hellere Haarfarbe zu verpassen als das Schwarz der Outlines. Wenn Sie dagegen versucht hätten, VISU-Elles Haare mit Braun oder Gelb auszumalen, wären die schwarzen Linien der Kopfform sichtbar gewesen. Das Ergebnis wäre entsprechend verbesserungswürdig. Nachdem Sie auch die Kleidung der Figur coloriert haben, könnte Ihre Figur dann wie in Abbildung 10.10 aussehen. Wenn Sie mögen, schattieren Sie Ihre Figur schließlich noch, und beachten Sie dabei wieder, dass der Schatten immer auf einer Seite angebracht wird.

**Abbildung 10.10** *Mit wenigen Strichen sorgen Coloration und Schattierung für den letzten Schliff.*

Folgend auch noch einmal die Anleitung zur Bleistiftzeichnung auf einen Blick:

**Abbildung 10.11** *Mit sich überlagernden Ebenen kommt Bewegung ins Spiel.*

**Ebenen beim Zeichnen beachten**

In der vorangehenden Schrittanleitung habe ich Ihnen gezeigt, wie Sie durch Vorzeichnen mit dem Bleistift das Durchscheinen von Linien verhindern. Letztlich geht es dabei um verschiedene Zeichenebenen. Es gibt eine genauso einfache wie wirksame Regel zum Umgang mit Ebenen: Zeichnen Sie immer zuerst das, was vorne ist! Arbeiten Sie sich auf diese Weise bis zum Hintergrund vor!

Ein jedes Bild kann nämlich letztlich in drei Ebenen eingeteilt werden: Vordergrund, Mitte und Hintergrund. Zeichnen Sie also zunächst immer den Vordergrund, überlegen Sie anschließend, welche Elemente Sie dahinter – in der Mitte – anordnen, und füllen Sie den Hintergrund erst ganz am Schluss mit Leben.

Falls es Ihnen schwerfällt, bestimmte Körperhaltungen darzustellen, empfehle ich Ihnen, eine Gliederpuppe (auch *Modellpuppe* genannt) zu verwenden, die Sie in jedem guten Geschäft für Künstlerbedarf bekommen. Mit einer solchen Puppe können Sie die Haltungen darstellen und vom Modell abzeichnen.

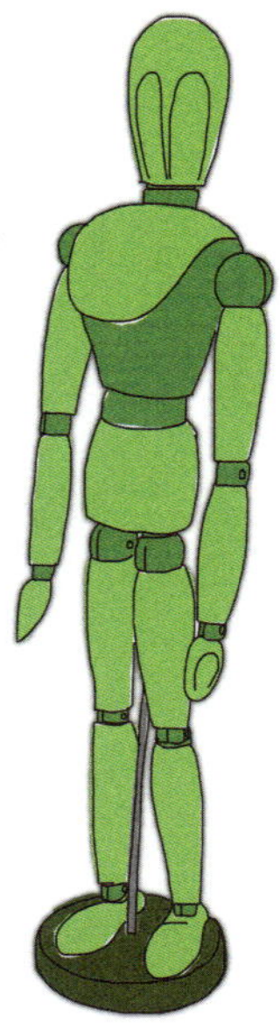

**Abbildung 10.12** *Eine Gliederpuppe kann eine gute Hilfe dabei sein, realitätsnahe Figuren mit verschiedenen Ausdrucksmöglichkeiten darzustellen.*

Wenn Sie zu visualisieren lernen, dann ist das ein wenig vergleichbar mit dem Erlernen einer Fremdsprache. Deswegen ist es auch wichtig, dass Sie regelmäßig zu Blatt und Stift greifen, um besser zu werden. Es ist quasi wie Vokabeln üben. Nicht zu unterschätzen ist auch das motorische Lernen. Bewegungen, die wir häufig wiederholen, fallen uns mit der Zeit immer leichter. Unser Gehirn speichert Bewegungen in einer Art Memory-Effekt ab und sorgt nach einiger Übung für merkliche Fortschritte.

Mit diesem und den beiden vorangegangenen Kapiteln sind Sie nun gerüstet, um sich im folgenden Kapitel an die konkrete Ausarbeitung Ihrer Entwürfe zu machen.

# Kapitel 11
# Visualisieren in drei Schritten – Schritt 2: Entwurf

In Kapitel 6, »Visualisieren in drei Schritten – Schritt 1: Dartscheibenmethode«, haben Sie die konzeptionellen Grundlagen für Ihr Visualisierungsprojekt gelegt: Sie haben das Thema festgelegt, die wichtigsten Inhalte priorisiert und auch schon Ihre Visualisierungsideen parat. Erst jetzt geht es ans Zeichnen, das Sie in den vorherigen Kapiteln hoffentlich mit Freude und zunehmender Sicherheit trainiert haben. Dennoch empfehle ich Ihnen dringend, nun nicht mit Ihren Ideen direkt am Flipchart loszulegen. Gerade am Anfang sollten Sie das beherzigen, wenn Sie sich Frust durch Misserfolge ersparen möchten.

## Vorteile des Entwurfs

Der Entwurf ist gewissermaßen die kleine Version Ihrer Präsentation, und es bewährt sich in der Praxis immer wieder, hier mit den Entwurfsstiften auf DIN-A4-Papier zu arbeiten, die ich Ihnen bereits in Kapitel 3, »Stift ist nicht gleich Stift – das richtige Setup«, ausführlich vorgestellt habe.

**Abbildung 11.1** *In der Entwurfsphase benötigen Sie Bleistift, Fasermaler, Radiergummi und DIN-A4-Papier.*

Die Entwurfsphase bereitet Ihre professionelle Präsentation am Flipchart aus verschiedenen Gründen sinnvoll vor. Ihre Visualisierung selbst sollte nämlich möglichst schon im Vorfeld umgesetzt worden sein, weil das Präsentationsmedium ganz bestimmte Rahmenbedingungen mit sich bringt, die einer gelungenen Umsetzung auf Anhieb erst einmal im Wege stehen:

- Bei Ihren Zeichenübungen bzw. beim Erstellen Ihrer Visualisierungsideen (z. B. in einem Sketchbook) haben Sie bisher im Sitzen gearbeitet. Nun arbeiten Sie im Stehen!
- Dadurch ändern sich nahezu alle Faktoren, wie etwa die Gewichtsverteilung und Ihre Bewegungsdimensionen.
- Beim Arbeiten auf der Schreibtischplatte können Sie Ihre Hand beim Zeichnen abstützen. So zu schreiben und zu zeichnen sind wir auch in aller Regel seit Kindertagen gewohnt.
- Beim Arbeiten am Schreibtisch haben wir einen festen Untergrund – am Flipchart dagegen einen beweglichen (Ständer).
- Durch die größeren Dimensionen am Flipchart sind auch die erforderlichen Bewegungen beim Zeichnen etwa von Linien größer. Das bedeutet auch mehr Arbeit für Arme, Schultern und Gelenke.
- Die Präsentationsstifte haben einen größeren Durchmesser und ein höheres Gewicht als normale Stifte. Auch das lenkt natürlich von der eigentlichen Visualisierung ab, und daran sollte man sich erst einmal unabhängig davon gewöhnen.

Auch nach einer Eingewöhnungsphase und längeren Erfahrung am Flipchart spricht viel dafür, die Entwurfsphase zu einem festen Bestandteil der Vorbereitung zu machen. Vergessen Sie dabei bitte auch nicht: Ein DIN-A4-Blatt wegzuwerfen tut nicht so weh; zudem ist es schneller neu gezeichnet. Auch für die Umwelt leisten Sie damit einen sinnvollen Beitrag.

## Von der Skizze zum Entwurf

Nehmen Sie ein erstes DIN-A4-Blatt, und skizzieren Sie dort Ihre Bildidee bzw. -ideen. Hilfreiche Fragestellungen können sein:

- Wo soll was hin?
- Wie groß sollen bzw. müssen die einzelnen Bildelemente sein?
- Welche Farben möchte ich (an welcher Stelle) verwenden?

Vergessen Sie nicht, das Thema als Text mit aufzunehmen und einen entsprechenden Platz freizuhalten.

Bei Ihrer Skizze fällt Ihnen möglicherweise auf, dass nicht alle Aspekte auf das Blatt passen und dort entsprechend gequetscht und nicht mehr übersichtlich dargestellt sind. Dies gibt Ihnen noch einmal Gelegenheit dazu, erneut über die Priorisierung der Inhalte nachzudenken. Investieren Sie also ausreichend Zeit in Ihre Skizze, um später keine bösen Überraschungen zu erleben.

### Starten Sie mit Ihrem eigentlichen Entwurf:

1. Nehmen Sie sich ein neues DIN-A4-Blatt und Ihren Fasermaler – oder den Bleistift, falls Sie vorzeichnen möchten.
2. Erarbeiten Sie mit Platzhaltern (hier grün dargestellt) Ihre Struktur. Wenn Sie mit dem Bleistift vorzeichnen, zeichnen Sie die Outlines anschließend mit dem schwarzen Fasermaler nach.

   Schaffen Sie eine Fläche für die Überschrift bzw. das Thema. Verwenden Sie dazu beispielsweise die einfache Grundform des Rechtecks. Wenn Sie weiteren Text benötigen, können Sie diesen zwar auch ohne Umrandung platzieren, Container haben aber den Vorteil, dass der benötigte Platz für die Texte besser eingeschätzt und im Vorfeld festgelegt werden kann. Die Texte selbst schreiben Sie an dieser Stelle aber noch nicht!

3. Schaffen Sie nun Flächen für die Visualisierungen. Hierfür können Sie als Platzhalter etwa Kreise verwenden.

Da ich in meinem Beispiel eine mögliche Grundstruktur für einen Prozess als einfache Abfolge zeige, ergänze ich nun auch die Pfeile.

4. Die Struktur steht! Überprüfen Sie noch einmal, ob etwas fehlt, und modifizieren Sie die Grundstruktur ggf. entsprechend.

5. Nehmen Sie anschließend ein weiteres, leeres DIN-A4-Blatt, und schreiben Sie die Überschrift und die Texte an die Stellen der Platzhalter. Überlegen Sie zuvor, welcher Schrifttyp sich dafür jeweils am besten eignet.

   Dadurch dass Sie die Outlines mit dem Fasermaler gezeichnet bzw. nachgezeichnet haben, können Sie dieses Blatt einfach auf das Blatt mit der Struktur legen, um Ihre Texte auch genau zu platzieren. Die Rahmen bzw. Container zeichnen sie dagegen nicht nach; sie entfallen bei dieser Gestaltung.

**6.** Nehmen Sie anschließend so viele Blätter, wie Sie Visualisierungen (Piktogramme, Figuren etc.) verwenden wollen. Idealerweise zeichnen Sie diese Visualisierungen (mit Blick auf deren Übertragung auf das Flipchart) schon etwas größer. Dann können Sie diese Blätter eventuell auch noch einmal als Blaupause verwenden und später einfach nachzeichnen.

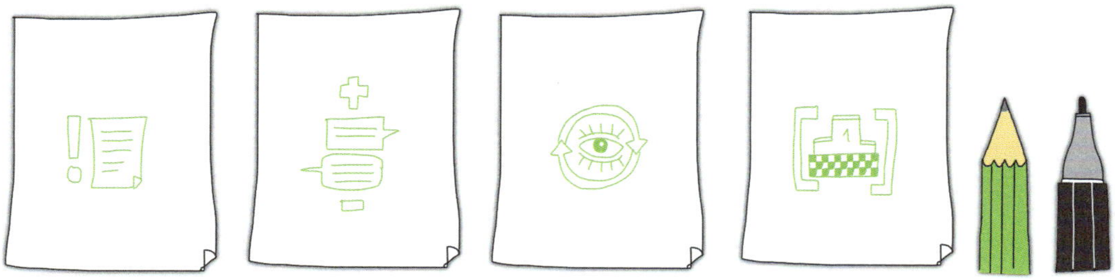

**7.** Die auf den einzelnen Blättern schon ins Reine gezeichneten Visualisierungen übertragen Sie nun alle an die entsprechenden Stellen auf Ihrem DIN-A4-Blatt, auf dem Sie bereits Ihren Text eingetragen haben. Ergänzen Sie auch die Pfeile von Ihrem Strukturblatt. Nun ist Ihre Flipchart-Präsentation im Kleinformat im Prinzip vollständig.

**8.** Wenn Sie wollen, können Sie Ihren Entwurf auch schon colorieren und anschließend noch schattieren. Um eine noch genauere Vorstellung vom finalen Ergebnis zu bekommen, ist das ratsam.

Ansonsten geht es gleich ans Flipchart, und zwar in Kapitel 13, »Visualisieren in drei Schritten – Schritt 3: Präsentation«.

Da Sie in diesem Kapitel exemplarisch nur eine einfache Grundstruktur kennengelernt haben, die sich natürlich nicht für alle Ihre Themen und Darstellungszwecke eignet, stelle ich Ihnen in dem folgenden Kapitel 12, »Der Entwurfsfinder«, eine Reihe von Strukturen und Mustern vor, die Ihnen dabei helfen, schnell den passenden Aufbau Ihrer Visualisierung bzw. Ihres Flipchart-Posters in der Entwurfsphase zu finden.

# Kapitel 12
# Der Entwurfsfinder

Um möglichst effizient zu arbeiten, müssen Sie nicht ständig das Rad neu erfinden. Nahezu alle Themen lassen sich anhand von drei Kategorien klassifizieren: *Prozesse + Strukturen*, *Vergleiche* und *Szenen*. Damit Sie in Ihrer Konzeptionsarbeit schnell Orientierung finden und rasch eine Idee entwickeln, wie Sie Ihre Visualisierung konkret umsetzen können, stelle ich Ihnen in diesem Kapitel auf Basis dieser Kategorien ein Gestaltungsraster mit gängigen Darstellungsformen vor.

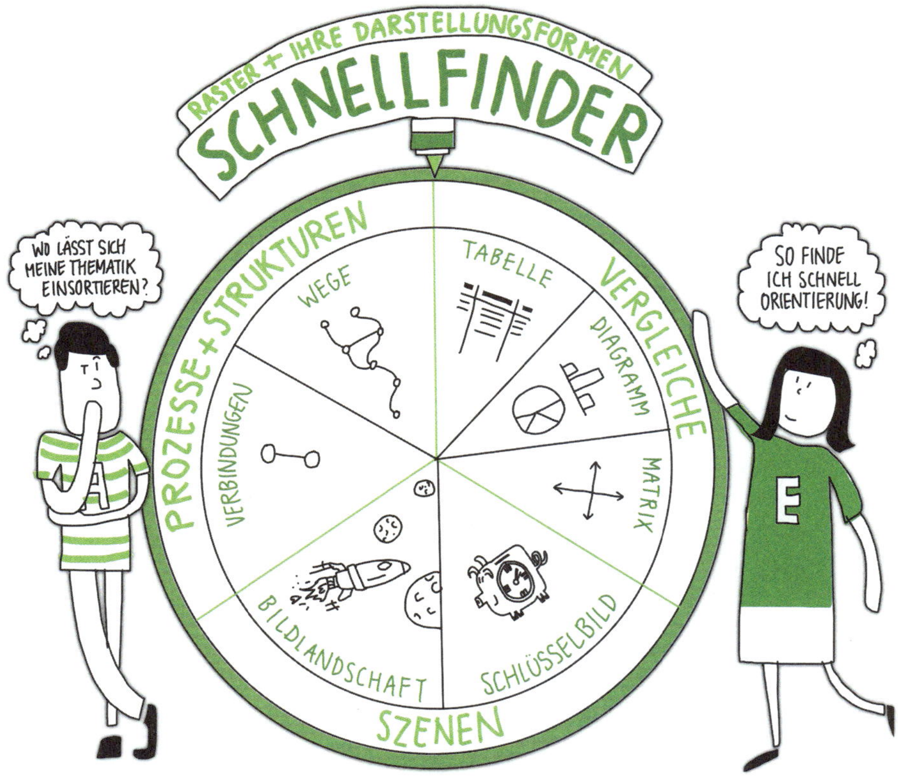


**Abbildung 12.1** *Unterschiedliche Thematiken können den Kategorien »Prozesse + Strukturen«, »Vergleiche« und »Szenen« und entsprechenden Darstellungsformen zugeordnet werden.*

Das Raster versteht sich dabei als Orientierungshilfe und Anregung. Selbstverständlich sind in der Praxis auch Kombinationen möglich.

Passt Ihr Thema bereits auf einen Blick in eines der Raster? Super, dann schlagen Sie gleich bei der hier im Folgenden näher dargestellten Gestaltungsmöglichkeit nach, und setzen Sie Ihre Inhalte mithilfe des Musters um! Sind Sie noch unschlüssig, welcher Entwurf sich eignet, prüfen Sie anhand der einzelnen Visualisierungsoptionen, welche Ihrer Inhalte und Darstellungsabsichten am besten zu einem bestimmten Raster passen. Es empfiehlt sich aber in jedem Fall, sich immer zuerst auf eine Darstellungsform festzulegen und erst dann mit einem visuellen Entwurf zu beginnen – das verhindert Frust und spart wie gesagt viel Zeit.

Während Sie in diesem Kapitel lernen, Ihre Entwürfe nach allgemeinen Darstellungsformen zu strukturieren, lernen Sie in Kapitel 14, »Ein Agenda-Plakat am Flipchart gestalten«, exemplarisch, wie Sie Ihre Visualisierung ausgehend von einem konkreten Verwendungszusammenhang aufbauen.

## Prozesse + Strukturen

Geht es bei Ihrem Thema um Strukturen oder Prozesse, so lässt es sich gut entweder in Form von Verbindungen oder als Weg darstellen.

**Abbildung 12.2** *Verbindungen und Wege*

## Verbindungen

Bei den *Verbindungen* geht es prinzipiell darum aufzuzeigen, wie zwei oder mehrere Dinge, Aspekte, Themen etc. zusammenhängen. Unter Verbindungen verstehe ich allerdings mehr, als man üblicherweise unter *Zusammenhang* versteht. So geht es dabei nicht nur um Beziehungen zwischen Elementen bzw. Personen und um (hierarchische oder auch nichthierarchische) Strukturen, sondern etwa auch um Zusammensetzungen und somit um die Visualisierung von einzelnen Bestandteilen in einem Ganzen.

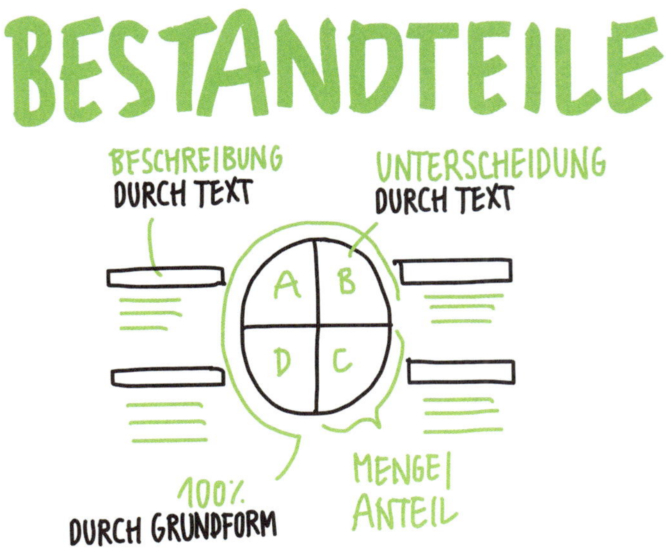


**Abbildung 12.3** *Die Zusammensetzung von etwas kann durch die Aufgliederung in Teile sinnfällig gemacht werden.*

Bei Verbindungen kann es sich natürlich auch um den Einfluss bestimmter Faktoren auf etwas, um Abhängigkeiten – das eine klappt nicht ohne das andere – und um Auswirkungen handeln. Es geht hier nicht darum, eine sachlich vollständige und vor allem abstrakte Aufzählung aller möglichen Verbindungen zu liefern, sondern darum, Ihnen deutlich zu machen, dass eine entsprechend genaue Vorüberlegung darüber, worum es beim zu visualisierenden Thema geht, und eine Differenzierung im Hinblick darauf, für welchen Entwurf man sich vorab schließlich entscheidet, extrem hilfreich sein können.

Es gibt etwa folgende Arten von Verbindungen:

- Zusammensetzung (Teile bzw. Bestandteile eines Ganzen)
- Verbindung von Grund und Folge, Ursache und Wirkung (Kausalzusammenhang)
- zeitliche (und ggf. auch unterbrochene) Abfolge
- Wechselbeziehung
- Konfrontation
- gestörte Verbindung
- Aufbau, Organisation, (hierarchische) Struktur (klassischerweise in einem Organigramm dargestellt)

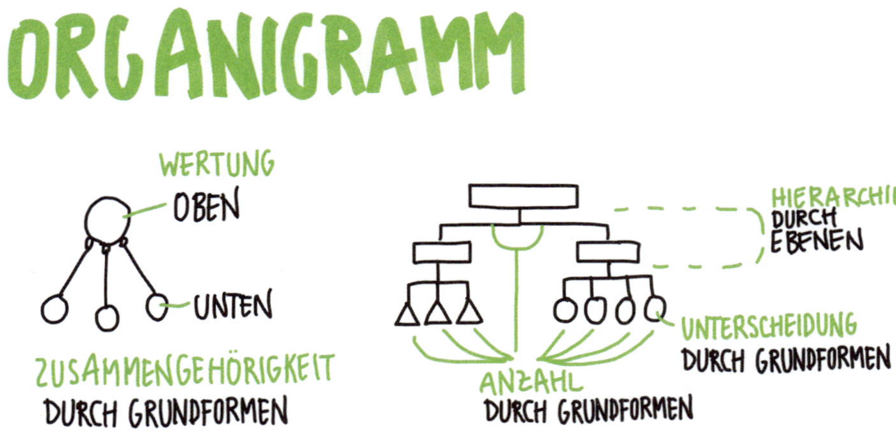


**Abbildung 12.4** *In einem Organigramm können nicht nur hierarchische Ordnungen, sondern auch die Anzahl, die Zusammengehörigkeit sowie die Unterscheidung von Elementen abgebildet werden.*

Doch wie lassen sich Verbindungen nun im Einzelnen konkret visualisieren? Klassischerweise kommen dabei Pfeile und Linien zum Einsatz. Gerade für die Entwurfsphase empfehle ich darüber hinaus, mit runden oder rechteckigen Grundformen zu arbeiten (siehe dazu auch Kapitel 8, »Grundformen zeichnen«). Diese lassen sich im weiteren Verlauf dann durch andere Visualisierungen (beispielsweise Icons oder Figuren) ersetzen.

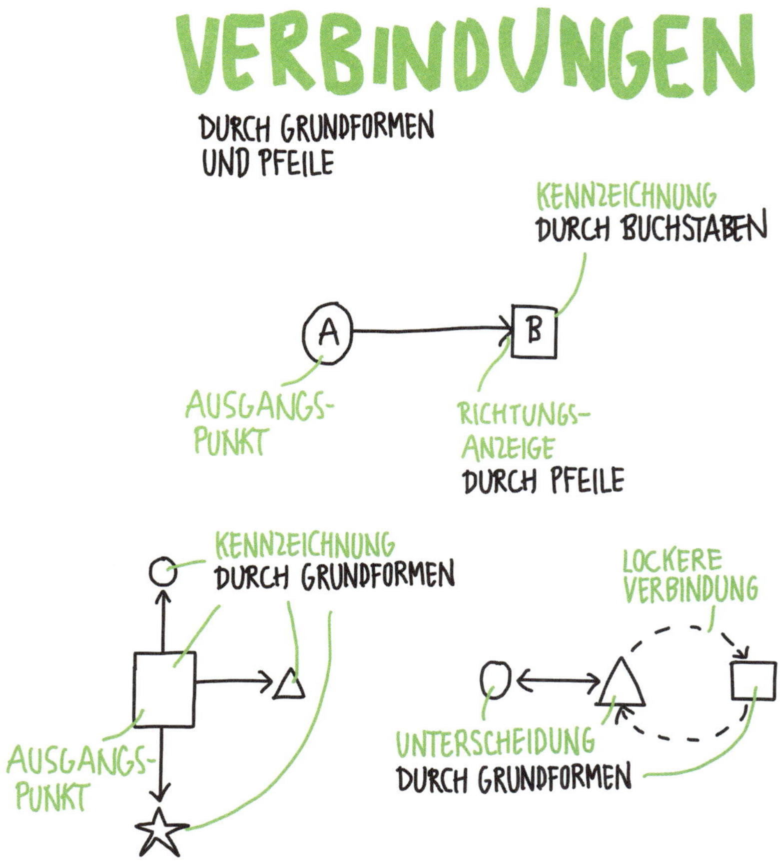


**Abbildung 12.5** *Geometrische Grundformen, Pfeile sowie Linien und Buchstaben zur Kennzeichnung sind die zentralen Elemente zur Darstellung von Verbindungen.*

In Abbildung 12.6 zeige ich Ihnen ein paar Beispiele, wie Sie durch die Variation beim Zeichnen von Pfeilen, Linien und Grundformen jeweils andere Arten von Verbindungen visualisieren können.

So lassen sich, wie in Abbildung 12.7 gezeigt, gleich auf einen Blick auch unterschiedliche Arten von Beziehungen differenzieren, die, sofern sie im Kontext der Darstellung eindeutig sind, auch ohne Worte allgemein verständlich wirken.

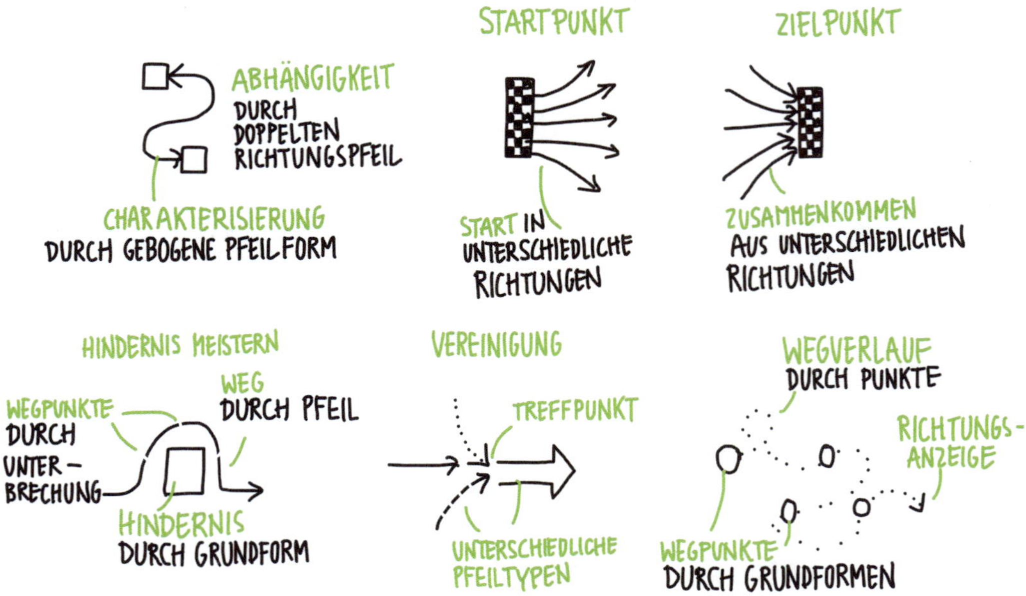


**Abbildung 12.6** *Je nach Variation von Pfeil, Grundform und Linie ergeben sich zahlreiche Darstellungsmöglichkeiten: von der Abhängigkeit über Start- und Zielpunkt, das Hindernis, die Vereinigung bis hin zum Wegverlauf.*

**Abbildung 12.7** *Wichtig bei der Visualisierung von Beziehungen mithilfe von einfachen Formen und Pfeilen ist die Eindeutigkeit der Darstellung für die Betrachter.*

## Wege

Auch bei der Prozessvisualisierung haben sich Konventionen herausgebildet, die es erleichtern, dass Bilder gleich verstanden werden. Ein *linearer Prozess* wird meist als Weg, der von A nach B verläuft, abgebildet. Solche Wege haben also in aller Regel Stationen; zumindest zwei sind bekannt: der Startpunkt und das Ziel.

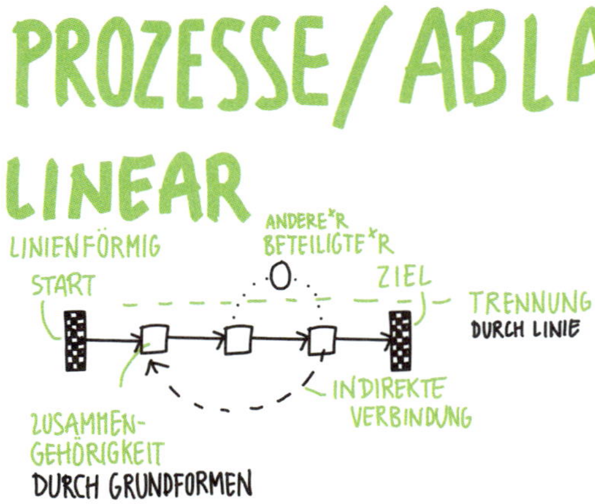


**Abbildung 12.8** *Bei der Darstellung eines linearen Prozesses können zusätzlich Verbindungen von Elementen bzw. Etappen abgebildet werden.*

Bei *Loop-Prozessen* sind Start- und Zielpunkt charakteristischerweise identisch. Der Weg wird durch die Darstellung in einem Kreis wiedergegeben.

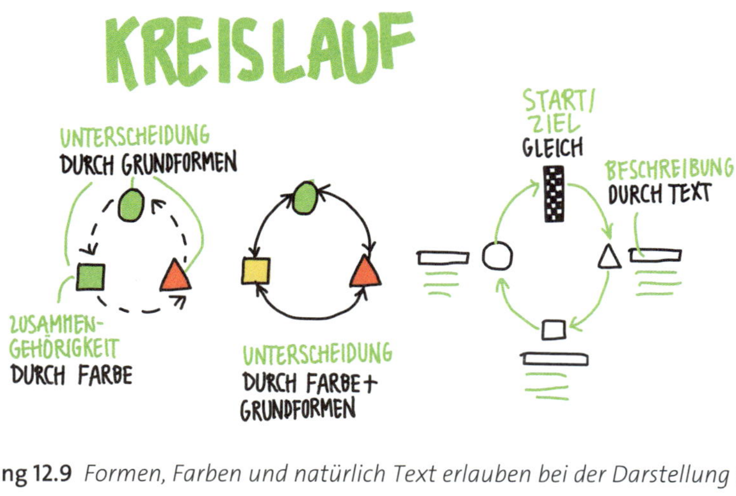


**Abbildung 12.9** *Formen, Farben und natürlich Text erlauben bei der Darstellung von Loop-Prozessen verschiedene Differenzierungen.*

Handelt es sich bei einem Prozess nicht um einen in sich geschlossenen Kreislauf bzw. ist ein Prozess nach einem Durchlauf nicht abgeschlossen, bietet sich eine andere Form der Visualisierung an.

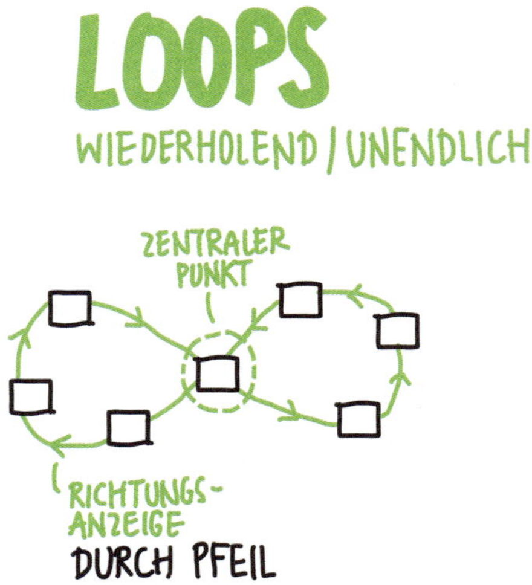


**Abbildung 12.10** *Ein sich ständig wiederholender Prozess kann in einer Unendlichkeitsschleife dargestellt werden.*

Es gibt auch Prozesse, die sich in Form von Wegen darstellen lassen, von denen es Abzweigungen gibt, die in unterschiedliche Richtungen führen. Das sind sog. *Entwicklungsprozesse*.

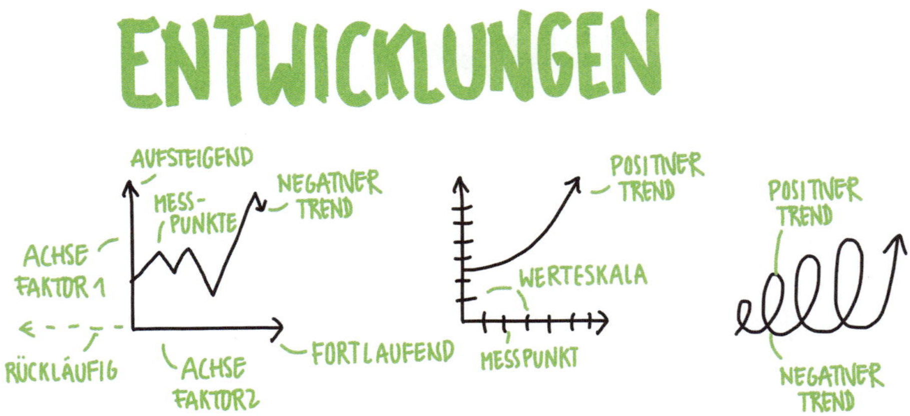


**Abbildung 12.11** *Entwicklungsprozesse lassen sich auf verschiedene Weise visualisieren – je nachdem, welche Wirkung damit beabsichtigt wird.*

Wie bei der Visualisierung von Verbindungen wird auch bei der von Wegen mit Pfeilen und Linien gearbeitet. Um komplexe Prozesse erst einmal zu überblicken und richtig zu erfassen, ist der Einsatz dieser einfachen Grundformen zunächst auch sinnvoll. Um einen Prozess noch visueller zu gestalten, können Sie definierte Elemente wie den Status quo, die Wegpunkte und das Ziel schließlich durch Icons oder Figuren ersetzen.

Bei der Visualisierung von Strukturen und Prozessen gehen Sie idealerweise immer in einer bestimmten Reihenfolge vor.

**Vorgehen:**

1. Definieren Sie, ob sich Ihr Thema als Verbindung oder als Weg darstellen lässt.
2. Sammeln Sie alle relevanten Faktoren und Aspekte. Tun Sie das am besten mit Klebezetteln. Denken Sie daran: Verwenden Sie pro Begriff immer nur einen Zettel!
3. Bilden Sie mithilfe der gezeigten Darstellungselemente (Pfeile, Linien, Grundformen) die jeweiligen Zusammenhänge bzw. Prozesse ab.

   Möglicherweise zeigt sich dabei, dass Ihr Thema doch komplexer ist, als anfänglich gedacht. Oder im Gegenteil: gar nicht so vielschichtig wie angenommen. Dann können Sie Ihren Entwurf ggf. erneut in Angriff nehmen bzw. im Detail anpassen.

Grundsätzlich lässt sich mit der Visualisierung von Strukturen und Prozessen eine Basis schaffen, um im Gespräch Potenziale zu finden. An welchen Stellen treten immer wieder Probleme auf? Wie könnten sich diese abschalten oder minimieren lassen?

## Vergleiche

Vergleiche liefern in Analyseprozessen und für Entscheidungssituationen nicht nur wichtige Einsichten, sie lassen sich hervorragend visualisieren. Dafür stehen drei Grundformen zur Verfügung: Tabelle, Diagramm und Matrix.

**Abbildung 12.12** *Tabellen, Matrizen, Säulen- und Tortendiagramme bilden Vergleiche auf unterschiedliche Art ab.*

## Klassische Matrix

Abgesehen von der klassisch-mathematischen Funktion einer Matrix, Rechenoperationen abzubilden, dient sie generell einer übersichtlichen Präsentation von Zahlen, Daten und Fakten. Dabei geht es aber letztlich darum, Vergleiche anzustellen, um Zusammenhänge zu ermitteln. Somit bietet die Visualisierung in Form einer Matrix die Möglichkeit, durch die Kombination verschiedener Faktoren bzw. einzelner Fragestellungen (Wer?, Wann?, Was?, Wie viel? usw.) Details in den Blick zu nehmen und zueinander in Relation zu setzen. Wie war das Wetter an einem Ort zu einer bestimmten Jahreszeit, wie war es an einem anderen Ort zu derselben Jahreszeit, und lässt sich dieselbe Relation auch zu einem anderen Zeitpunkt feststellen? Die Matrix ermöglicht es also im Allgemeinen, Verhältnisse und Verteilungen relativ schnell – je nach Komplexität der Darstellung – erfassbar zu machen. Auch für eine sog. *SWOT-Analyse* etwa kann die Matrix eingesetzt werden (siehe dazu Abbildung 12.19).

## Tabelle

Auch wenn Tabellen so alltäglich erscheinen, dass man sie kaum noch als Visualisierungstechnik wahrnimmt, sind sie doch ein gutes und wichtiges Darstellungsformat für Vergleiche. Wie Sie diese vielleicht einmal etwas anders als üblich einsetzen können, zeige ich Ihnen in Abbildung 12.13 mit einem sog. *Kanban Board*. Auf diese Weise wird das Visualisierungsformat Tabelle zu einem agilen Arbeitstool, das so intuitiv funktioniert, dass es jede und jeder unmittelbar nutzen kann.

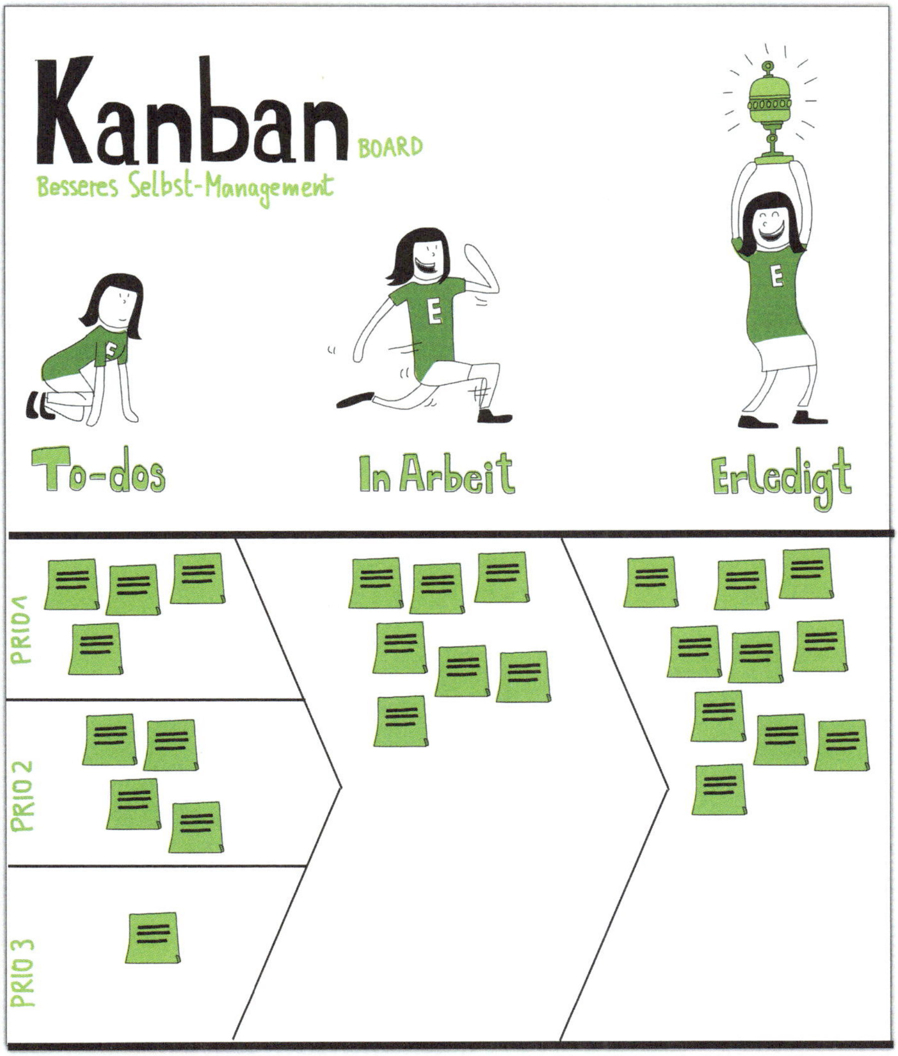


**Abbildung 12.13** *Ob nun zum Selbstmanagement oder als Projektmanagementtool im Team – ein Kanban Board lässt eigentlich keine Fragen aufkommen.*

## Diagramme

Diagramme kennen Sie längst – auch fernab der Präsentation und Visualisierung auf Papier. Umso wichtiger ist es, sich vorab gut zu überlegen, ob es nun ein *Achsendiagramm*, ein *Säulendiagramm* oder ein *Tortendiagramm* werden soll, da damit nicht nur unterschiedliche Wirkungen, sondern auch Anforderungen an die Darstellung verbunden sind. Denn am Flipchart können Sie schließlich kein Vorlagenmuster herunterladen oder aus einer Excel-Tabelle generieren lassen, sondern müssen es selbst anlegen und umsetzen. Der große Vorteil der Handarbeit: Solche Diagramme wirken unmittelbarer, sie entstehen ggf. Schritt für Schritt vor den Anwesenden und werden daher eingehender aufgenommen als digital vorgefertigte Diagramme.

Achsendiagramme zeichnen sich, wie der Name bereits sagt, durch ihre Achsen aus. Dabei werden zwei Faktoren ins Verhältnis zueinander gesetzt. Die Darstellung der Faktoren ist dabei divers zu gestalten. Mithilfe einer Linie gelingt es, einen Verlauf darzustellen (beispielsweise die Umsätze für Produkt A im vergangenen Jahr). Ergänzt man weitere Linien, können so auch die Produkte B, C und D in einen Vergleich untereinander und mit Produkt A gesetzt werden.

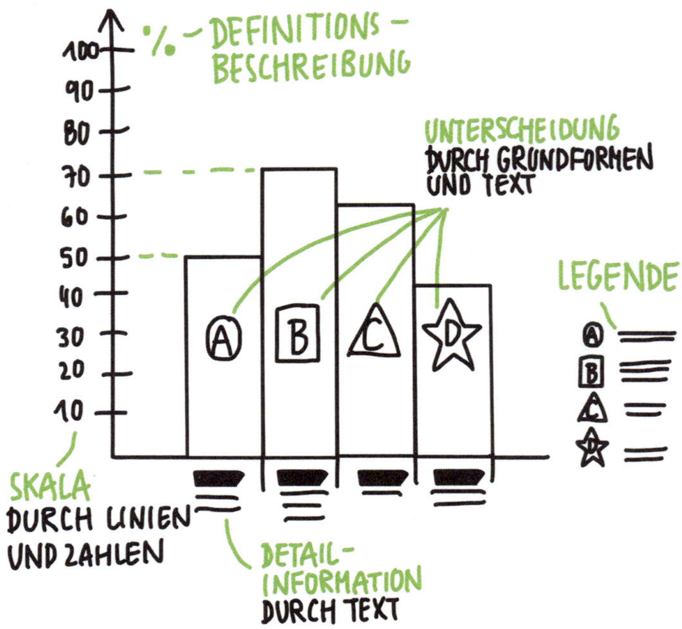


**Abbildung 12.14** *Beispiel für ein Achsendiagramm*

Nutzt man für die Darstellung Säulen, können nebeneinander mehrere unterschiedliche Faktoren miteinander verglichen werden. Beispielsweise lässt sich daraus auf einen Blick ablesen, welches Produkt im vergangenen Jahr das erfolgreichste war.

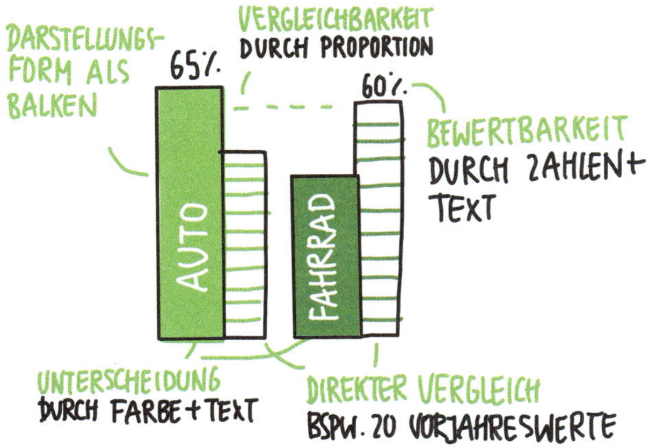


**Abbildung 12.15** *Ein Säulendiagramm ermöglicht einen direkten Vergleich auf einen Blick.*

Arbeitet man innerhalb der beiden Achsen mit Grundformen wie Kreisen, lassen sich hierdurch noch mehr Faktoren miteinander in einen direkten Vergleich bringen, etwa als Prioritätenliste.

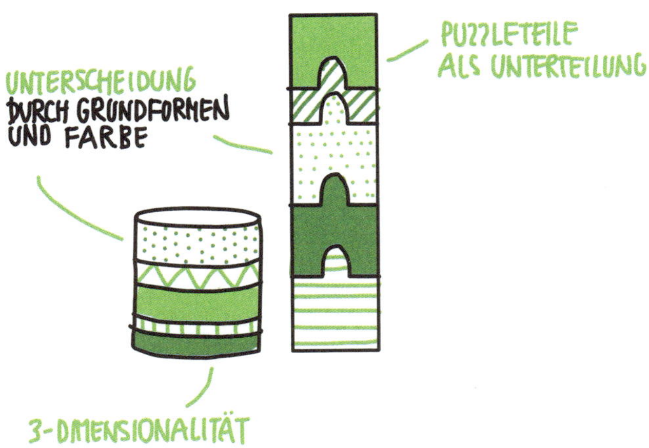


**Abbildung 12.16** *Handgezeichnete Säulendiagramme erlauben viele Differenzierungen.*

Auch Kombinationen aus Achsen- und Säulendiagramm sind denkbar.

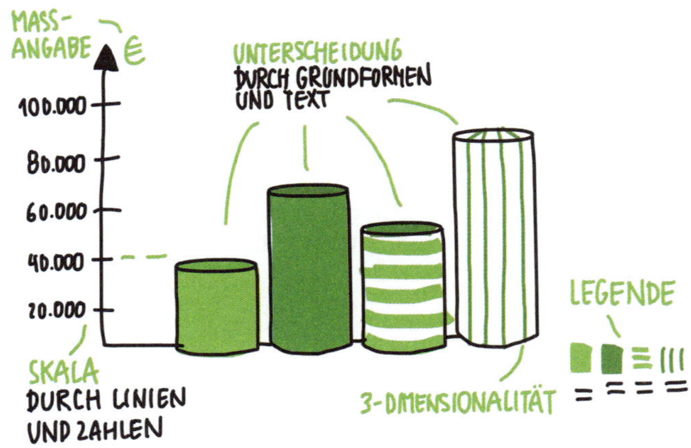


**Abbildung 12.17** *Je nach Informationswert kann die visuelle Darstellung durch eine Text-Legende und Zahlen erweitert werden.*

Bei der Visualisierung als *Tortendiagramm* kann auf Achsen verzichtet werden. Die übliche Darstellungsform ist rund wie eine klassische Torte. Hierbei geht es um die Darstellung der Verteilung von Verhältnissen. Ähnlich wie beim Achsendiagramm mit der Darstellungsform Säule lassen sich hier beispielsweise mehrere Produkte schnell miteinander vergleichen. Die Produkte mit den besten und den schlechtesten Verkaufszahlen sind direkt auszumachen. Besonders deutlich wird das, wenn man die einzelnen »Tortenstücke« gewissermaßen aus der Torte herauszieht.

Sie können auch mehrere Tortendiagramme nebeneinander darstellen oder ineinander zeichnen – so erhalten Sie den Effekt einer »mehrstöckigen« Torte.

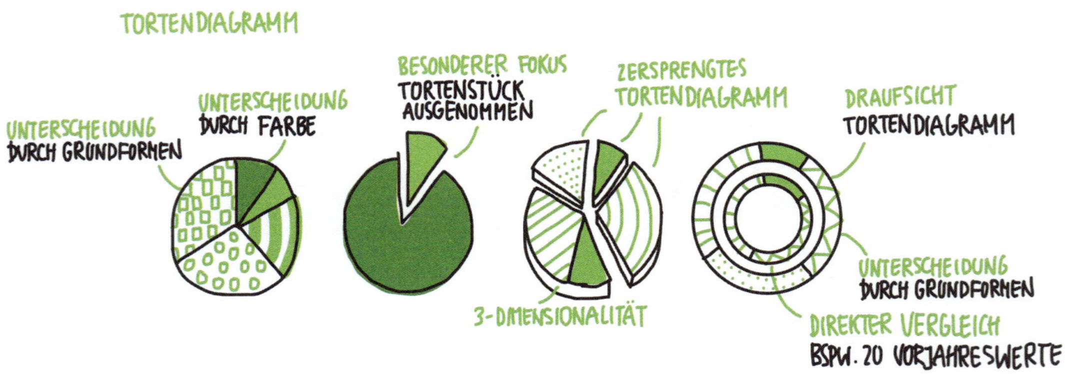


**Abbildung 12.18** *Tortendiagramme wirken oft am unmittelbarsten auf den Betrachter.*

## Vergleichs-Matrix

Wie erwähnt, können Sie in einer Matrix nicht nur Zahlen und Daten erfassen, sondern einen visuellen Rahmen für einen Vergleich von zwei bzw. vier Faktoren schaffen. Die SWOT-Analyse, die Stärken-Schwächen-Chancen-Risiken-Analyse (von englisch *Analysis of* ***s****trengths,* ***w****eaknesses,* ***o****pportunities and* ***t****hreats*), ist ein prägnantes Beispiel für diese Visualisierungsform. Mit ihrer Hilfe lassen sich zum einen jeweils Gegensätze (Stärken versus Schwächen und Chancen versus Risiken) und zum anderen positive Aspekte (Stärken und Chancen) den negativen Aspekten (Schwächen und Risiken) kontrastierend gegenüberstellen. Auf Basis der so geordneten Faktensammlung können Entscheidungen getroffen und abgesichert werden.

Zu einer echten Visualisierung im engeren Sinne wird eine solche Matrix durch den Austausch von Text durch Icons.

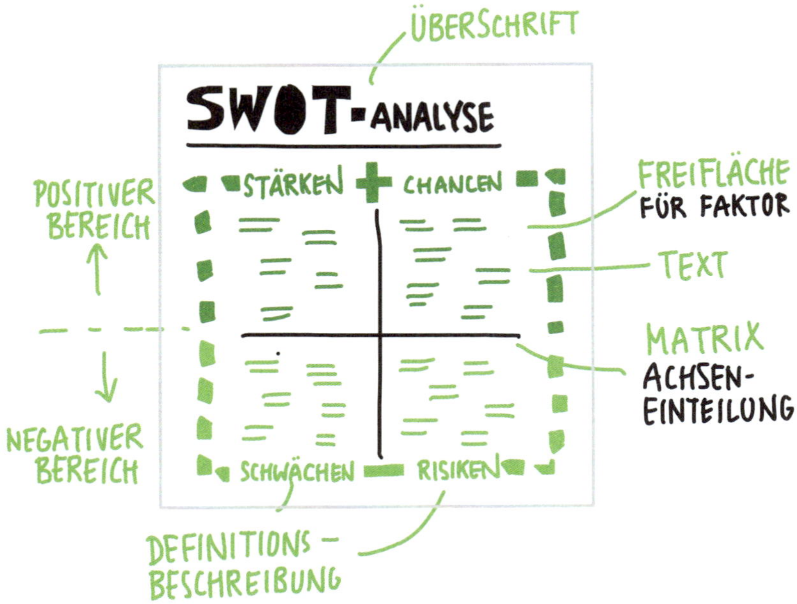


**Abbildung 12.19** *Die SWOT-Analyse entsteht am Flipchart nach und nach und eignet sich vor allem für Analysen im Team.*

## Szenen

Können Sie in ca. einer Minute erzählen, um was es in Ihrem Lieblingsfilm geht? Meine These: Ja, das können Sie. Vermutlich sogar dann, wenn Sie sich den Film schon vor geraumer Zeit angesehen haben. Das liegt daran, dass Menschen seit eh und je nicht in Spiegelpunkten oder Text, sondern in Szenen denken.

Nach diesem Prinzip funktioniert auch eine sog. *Bildlandschaft*. Wir erinnern uns an die Geschichte des Bildes und im besten Fall an viele Szenendetails, die es uns ermöglichen, deutlich länger zu behalten, um was es ging. Genau wie beim Kinofilm bleibt das Wissen dadurch auch länger reproduzierbar – und das ist schließlich mit das wichtigste Ziel von Präsentationen.

**Abbildung 12.20** *Der cineastische Effekt sorgt für Einprägsamkeit.*

Vor allem aber eignen sich Vergleichs-Diagramme und -Tabellen oder die verschiedenen Darstellungsraster von Strukturen und Prozessen nicht bei abstrakteren Themen, die sich gar nicht auf Zahlen, Fakten, Abläufe etc. stützen lassen. Beispielsweise lässt sich das Thema »Neue Ideen sammeln« mit den tendenziell emotionsloseren Formaten nicht themengerecht abbilden. Es bedarf hierbei daher der Darstellung mithilfe einer Schlüsselszene.

**Abbildung 12.21** *Abstraktere Themen bedürfen eher der Darstellung anhand einer Schlüsselszene.*

**Szenische Gestaltung mit der Dartscheibenmethode kombinieren**
Arbeiten Sie bei der szenischen Visualisierung unbedingt mit der Dartscheibenmethode. Wenn Sie ein Thema anhand einer Szene visualisieren, gelingt das in aller Regel nicht mit einem einzigen Icon. Das Arbeiten mit verschiedenen aussagekräftigen Icons in Kombination mit Figuren ist besonders empfehlenswert. So schaffen Sie auch eine höhere Identifikation mit dem Dargestellten und erzeugen Emotionen, was die Nachvollziehbarkeit erhöht. Eine solche Szene kann durchaus auch als Inspirationsquelle dienen, um Antworten zu einem bestimmten Thema zu finden.

Prinzipiell können zwei Szenenformate unterschieden werden: das *Schlüsselbild* einerseits und die *Bildlandschaft* andererseits.

## Schlüsselbilder

Schlüsselbilder dienen der Verdeutlichung oder Unterstreichung eines bestimmten Themas. Sie sind sozusagen der Schlüssel, um den Zugang zu einem Thema visuell aufzuschließen.

Schlüsselszenen zeigen idealerweise Figuren in Kombination mit Icons. Dadurch ist zum einen die Identifikation der Betrachtenden gewährleistet und zum anderen die Möglichkeit gegeben, einen abstrakten Begriff in ein Bild zu übertragen und dadurch anschaulich und greifbar werden zu lassen. Insbesondere bei der Visualisierung von metaphorischen Zusammenhängen können Dinge selbstverständlich anders dargestellt werden, als sie in der Realität zu finden sind – wie etwa das überdimensionale Schloss in Abbildung 12.22.

**Abbildung 12.22** *In Schlüsselbildern können Sie abstrakte und realitätsferne Sachverhalte unmittelbar in Szene setzen.*

Schlüsselbilder tragen dazu bei, dass ein Thema besser erinnert und behalten wird. Außerdem dienen sie als Inspirationsquelle zum Thema, denn aus einer solchen Visualisierung lassen sich meist weitere Fragen ableiten. Nehmen wir das Beispiel aus Abbildung 12.22. Folgende Fragen könnten sich hier ergeben:

- Was könnte ein Schlüssel für unsere Visualisierung sein?
- Welche Inhalte könnten wir aufschließen?
- Welche Inhalte sind verschlossen?

Anhand der in Abbildung 12.23 gezeigten Schlüsselszene möchte ich Ihnen gern den gesamten Arbeitsprozess aufzeigen, der sich bei einer solchen Visualisierung empfiehlt.

**Abbildung 12.23** *Schlüsselbild zum Thema »Kundenzufriedenheit«*

## Schritte im Visualisierungsprozess:

1. Arbeiten Sie zuerst mit der Dartscheibenmethode – ganz konsequent! Beginnen Sie also mit der Formulierung des Themas in einem Satz.

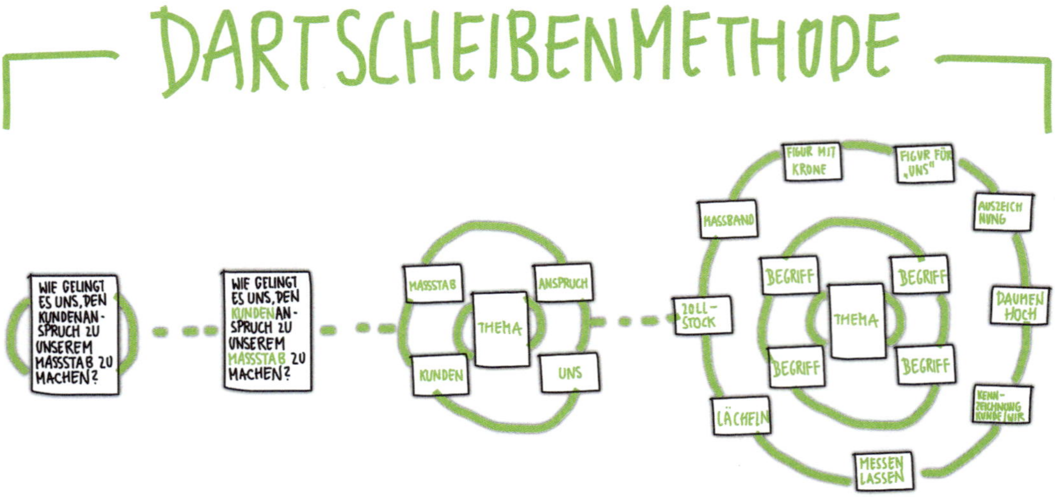


2. Finden Sie Begriffe, die im Zusammenhang mit dem Thema elementar sind.
3. Clustern Sie.
4. Halten Sie Ideen fest, wie die Visualisierungen zu den übrig gebliebenen Begriffen aussehen könnten.
5. Nehmen Sie danach den Entwurfs-Schnellfinder zur Hand, und entscheiden Sie sich für das geeignete Format.
6. Gestalten Sie anschließend Ihren Entwurf.
7. Übertragen Sie schließlich alles in das finale Präsentationsformat.

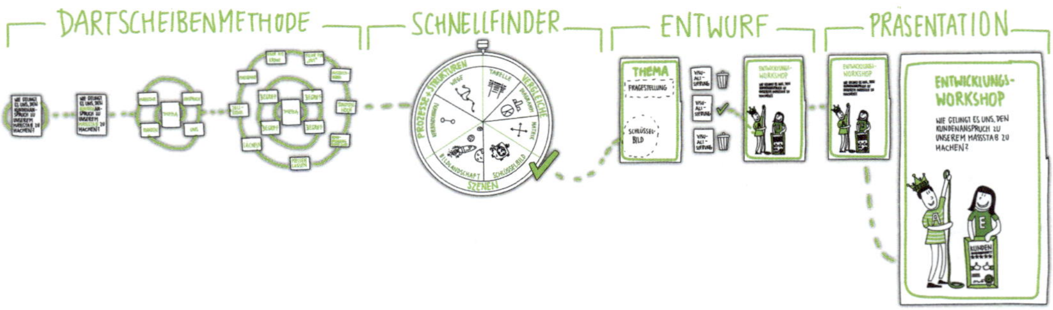


**Abbildung 12.24** *Von der Dartscheibenmethode bis zum fertigen Plakat*

Anhand der folgenden drei Beispiele möchte ich Ihnen gern zeigen, wie Sie mit Schlüsselszenen bestimmte Aspekte ausdrücken und diese Darstellung in Meetings, Workshops oder auf Tagungen wieder aufnehmen können, um daraus Fragestellungen abzuleiten oder auf wichtige Zusammenhänge aufmerksam zu machen.

Alle Ihre Schlüsselszenen dienen Ihnen als Orientierungshilfe und roter Faden während Ihrer Präsentation. Denn alle Aspekte, die Ihnen wichtig sind, finden sich ja im Bild wieder.

**Abbildung 12.25** *Schlüsselbild zum Thema »Klimawandel«*

**Abbildung 12.26** *Schlüsselbild zu »Neue Ideen sammeln«*

**Abbildung 12.27** *Schlüsselbild »Blick durch die Kundenbrille«*

## Bildlandschaften

Bildlandschaften sind gewissermaßen die Königsdisziplin der Visualisierung. Sie erzählen in einer bildhaften Geschichte, um welches Thema es geht, und beleuchten dabei ganz verschiedene Aspekte – nämlich diejenigen, auf die Sie aufmerksam machen möchten. Bildlandschaften sind visuelles Storytelling.

**Abbildung 12.28** *Visuelles Storytelling per komplexer Bildlandschaft*

Bildlandschaften sind komplex und erfordern daher unbedingt eine strukturierte Vorarbeit. Deswegen ist es auch hier absolut empfehlenswert, mit der Dartscheibenmethode zu arbeiten und sich des Entwurfsfinders zu bedienen.

Bildlandschaften sind oftmals Kombinationen aus mehreren Darstellungsformaten. Es kann also durchaus sinnvoll sein, Figuren, Icons, Diagramme und Beziehungen zu wählen und diese miteinander zu verknüpfen.

Bildlandschaften laden dazu ein, sämtliche Details ins Bild zu rücken – beschränken Sie sich daher auch hier auf das Nötigste, nicht nur, um die Aufmerksamkeit der Betrachter nicht zu überfordern; der zeitliche Aufwand zur Erstellung einer Bildwelt ist unter allen Visualisierungsformen definitiv am höchsten. Umso mehr Sie sich in mäßig wichtigen oder letztlich auch unwichtigen Details verlieren, desto länger benötigen Sie logischerweise.

Bildlandschaften bieten sich recht häufig dazu an, Entwicklungsprozesse zu präsentieren. Versuchen Sie in der Entwurfsphase, mit möglichst einfachen Mitteln diejenigen Bildthemen festzulegen, aus denen Ihre Bildlandschaft in jedem Fall bestehen sollte – etwa durch die Skizzierung mithilfe von einfachen Grundformen, die als Platzhalter für Icons fungieren.

Unabhängig von Ihrer individuellen Planung gibt es für Bildlandschaften aber sinnvolle übergreifende Bildbestandteile, die ein Grundgerüst für Ihr Storyboard liefern, also für die Geschichte, die Sie damit erzählen wollen. Einige dieser Bildbestandteile möchte ich Ihnen daher gern näher vorstellen.

**Abbildung 12.29** *Mögliche »fixe« Bestandteile einer Bildlandschaft als Prozessvisualisierung*

Den Bildbestandteilen entsprechen zum Teil auch schon bestimmte Positionen innerhalb der Bildlandschaft. Der *Status quo* und das *Ziel* sind z. B. naturgemäß weit voneinander entfernt. Sie können diese links und rechts, aber auch oben und unten auf Ihrem Plakat platzieren. Je nachdem ist es natürlich auch möglich, beides im Bild zwar recht nah beieinander darzustellen, jedoch getrennt von anderen Bildbestandteilen und somit nicht direkt miteinander verbunden. Eine Beschäftigung mit der Frage, wie man den Ausgangs- und den Zielpunkt darstellen möchte, ist auch schon in der schriftlichen Konzeptionsphase wichtig.

Aus der Platzierung ergeben sich natürlich Konsequenzen für die Gestaltung der *Erfolgsfaktoren*, die visuell in der Bildlandschaft ihren Platz finden (siehe dazu auch Abbildung 12.34). Nahezu zwangsläufig werden Sie bei der Darstellung eines Entwicklungsprozesses auch *Lösungsansätze* bzw. *Wegoptionen* in Ihre Landschaft einfügen.

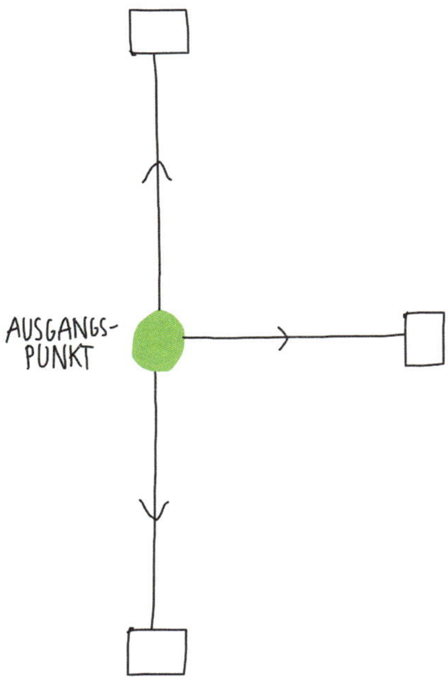


**Abbildung 12.30** *Es empfiehlt sich, gleich vom Ausgangspunkt nach rechts, nach oben oder unten zu starten.*

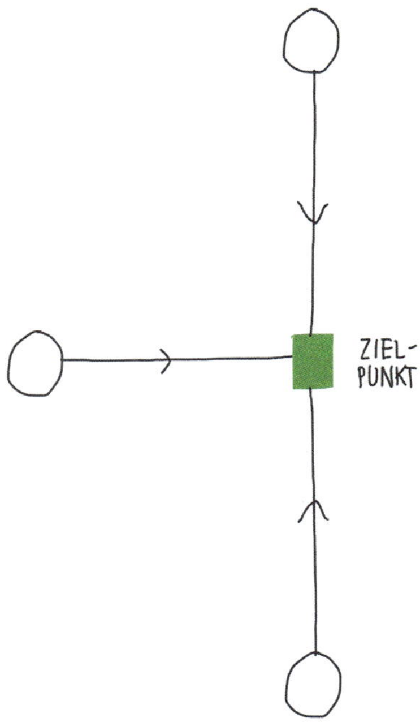


**Abbildung 12.31** *Normalerweise ist der Zielpunkt auch optisch am weitesten vom Ausgangspunkt entfernt.*

Der Linienverlauf zwischen Ausgangs- und Zielpunkt muss natürlich nicht zwangsläufig gerade sein.

Als Icons für den Ausgangspunkt, die Wegmarken und den Zielpunkt können und sollten Sie wie gesagt vor allem bei Ihren ersten Versuchen einfache Grundformen verwenden. Wenn Sie schon geübter sind und Ihnen die Zeichnungen schneller von der Hand gehen, bieten sich etwa auch die anderen in Abbildung 12.32 beispielhaft gezeigten Icons an.

**Abbildung 12.32** *Icons für Startpunkte, Wegpunkte und Zielpunkte*

*Potenziale*, d. h. Mehrwerte bzw. Vorteile, gehören klassischerweise zur Visualisierung in einer Bildlandschaft, die ein bestimmtes Ziel zum Gegenstand hat. Entdecken Sie in der Planungsphase nicht allzu viele wichtige Potenziale, sollten Sie es sich ggf. noch einmal überlegen, ob Sie tatsächlich mit einer Bildlandschaft arbeiten möchten – der Aufwand wäre im Hinblick auf den Nutzen dann erfahrungsgemäß doch zu hoch.

**Abbildung 12.33** *Einige Icons für Potenziale*

Für die Darstellung von *Erfolgsfaktoren* kommen natürlich potenziell viele Icons in Betracht. Um Ihnen zu verdeutlichen, was damit gemeint ist, zeige ich Ihnen ein paar Beispiele in Abbildung 12.34.

**Abbildung 12.34** *Mögliche Icons für Erfolgsfaktoren*

Die Fläche zwischen Status quo, Ziel und den Potenzialen bietet sich für die Darstellung aller weiteren Bildbestandteile an. Fangen Sie am besten mit den *Wegpunkten* bzw. *Hindernissen* an.

**Abbildung 12.35** *Icons für Hindernisse*

Hindernisse sollten natürlich überwunden werden – einem Hindernis entspricht idealerweise genau ein geeigneter *Lösungsansatz*.

**Abbildung 12.36** *Icons für entsprechende Lösungsansätze*

Gibt es bei Ihrem Thema keine Chance, das Hindernis zu überwinden? Dann wählen Sie andere *Wegoptionen*.

**Abbildung 12.37** *Icons für die Visualisierung von alternativen Wegen*

In Abbildung 12.38 sehen Sie noch einmal eine mögliche Grundstruktur für die Planung und den Entwurf Ihrer Bildlandschaft, an der Sie sich orientieren können.

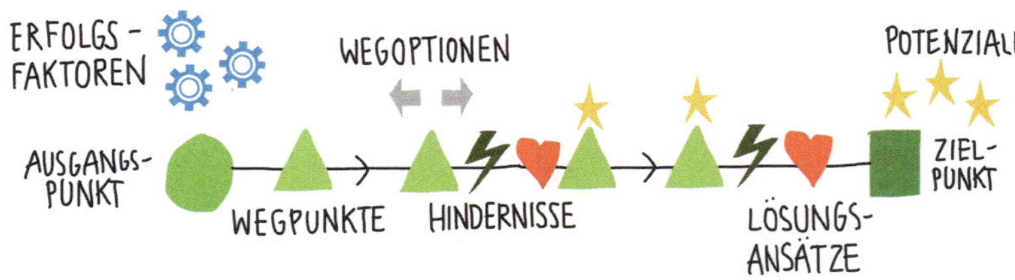


**Abbildung 12.38** *Grundstruktur und Elemente der Visualisierung eines Entwicklungsprozesses in einer Bildlandschaft, hier ganz klassisch von links nach rechts*

Anstatt die Struktur von links nach rechts zu wählen, kommen auch eine kreisförmige Darstellung oder auch dynamischere Wegformen infrage. Hier hilft es nur, Verschiedenes in der Praxis auszuprobieren, bis man seine eigene optimale Darstellungsform gefunden hat.

Szenisch dargestellte Entwicklungsprozesse spielen oft in »Kulissen«, die sich möglicherweise auch auf Ihre Situation übertragen lassen. Einige dieser Kulissen möchte ich Ihnen hier anhand der folgenden Beispiele ebenfalls vorstellen, um Ihnen zu verdeutlichen, inwiefern diese Einfluss wiederum auf Ihre Visualisierung gewinnen können.

Das in Abbildung 12.39 gezeigte Beispiel, das Sie neben anderen Beispielen auch noch einmal in Ihren Download-Materialien finden, ist angelehnt an ein echtes Kundenprojekt von mir. Die Aufgabenstellung lautete: Wir möchten mit Unterstützung einer Bildlandschaft einen Workshop leiten, der sich mit der Frage beschäftigt: »Wie schaffen wir es, (Kommunikations-)Kanäle so zu bespielen, dass wir unsere Zielgruppen erreichen und an Reichweite zulegen?«.

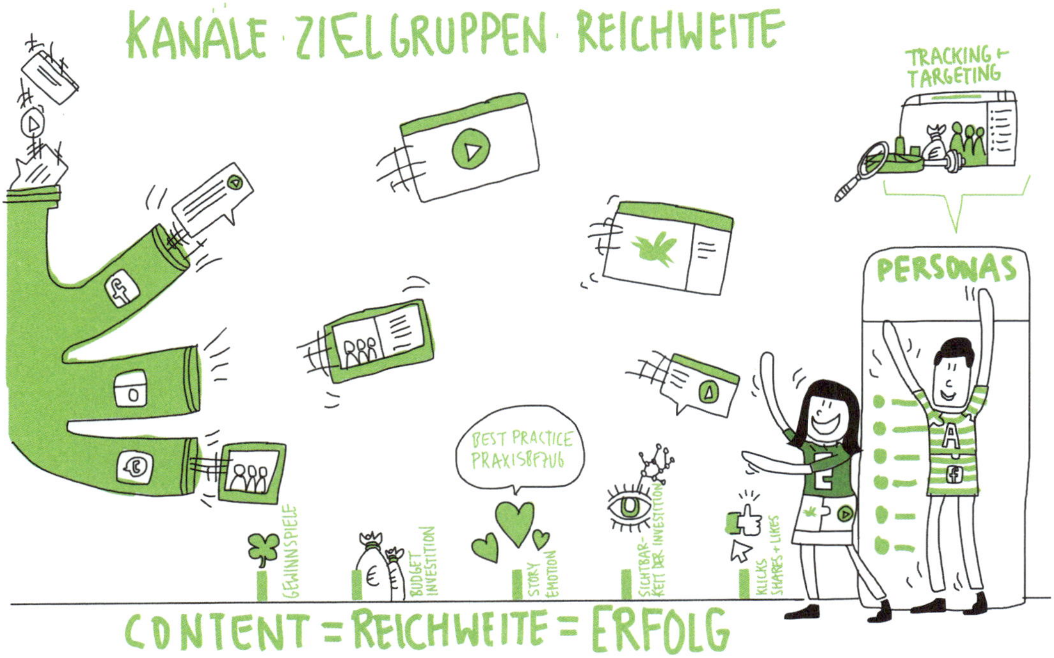


**Abbildung 12.39** *Bildlandschaft mit Kanälen zu dem Thema »Wie schaffen wir es, unsere Zielgruppen zu erreichen?«*

Die Herausforderung hier war es, möglichst deutlich zu machen, dass jeder Mensch aus einer definierten Zielgruppe dennoch persönliche Vorlieben und Präferenzen in der Ansprache hat.

In Abbildung 12.40 sehen Sie dieselbe Bildlandschaft noch einmal, nur zusätzlich mit Erklärungen versehen, warum ich jeweils welche Darstellungsform gewählt habe.

Bei der in Abbildung 12.41 gezeigten Bildlandschaft handelt es sich ebenfalls um ein abgewandeltes Kundenprojekt. Das Unternehmen wollte damit im Rahmen eines Meetings erarbeiten, wie es gelingen könne, genossenschaftliche Beratung in die digitale Welt zu bringen. Im Meeting sollten bestimmte thematische Aspekte anhand von Fragestellungen bearbeitet werden – etwa die Frage, welche Hürden es geben könne, um das Ziel zu erreichen. Zu jeder Fragestellung sollte sich, sozusagen versteckt, ein Hinweis in der Bildlandschaft wiederfinden.

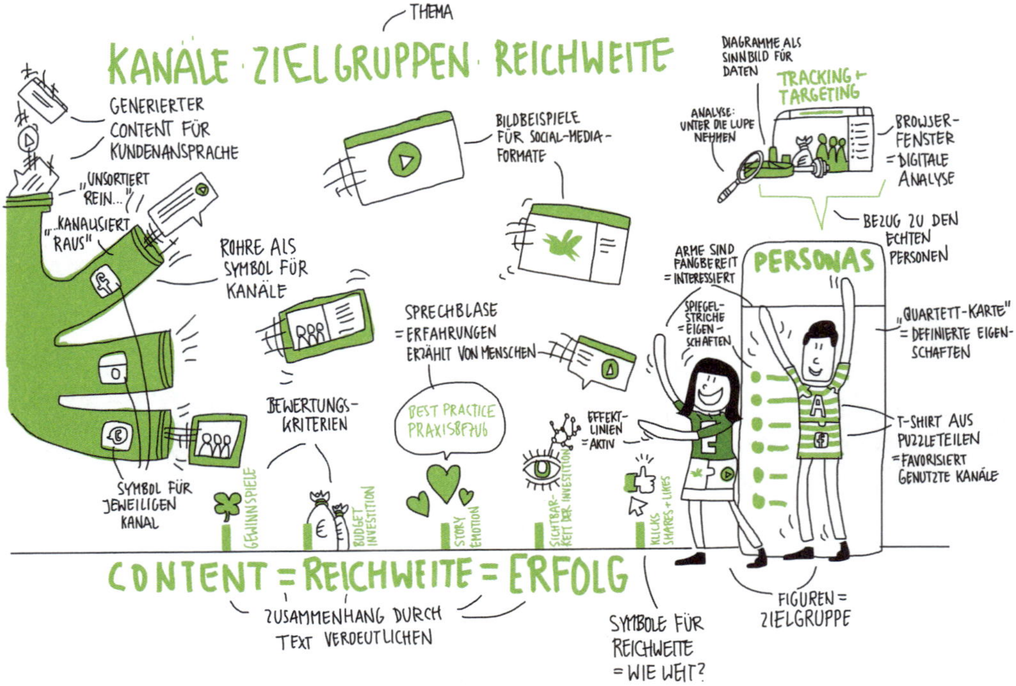


**Abbildung 12.40** *Bei einer Bildlandschaft, die keinen Prozess abbildet, kommen andere Darstellungsmöglichkeiten zum Tragen, um die Aufmerksamkeit zu lenken.*

**Abbildung 12.41** *Eine bildhafte Geschichte in Form einer Reise*

Neben dem Vorteil, als Moderatorin oder Meetingleitung anhand der einfachen Geschichte des Bildes einen roten Faden als Orientierung zur Hand zu haben, sollte das Bild bei den Teilnehmenden eine dauerhafte Erinnerung an das Meeting erzeugen.

**Abbildung 12.42** *Icons und symbolische Darstellungsmittel innerhalb der Bildlandschaft*

Bildlandschaften sollten immer auf zwei Weisen betrachtet werden können:

1. Eine Bildwelt erzählt im besten Fall eine einfache Geschichte, die direkt erfassbar ist. Im Beispiel von Abbildung 12.41 ist es »eine Reise über Eisschollen«. Die Geschichte als Ganze lässt sich dabei auf einen Blick erfassen und wird dadurch tendenziell deutlich besser und länger erinnert als etwa eine schriftlich formulierte Agenda.
2. Eine Bildwelt ist mit Details versehen. Diese Details können im Einzelnen betrachtet werden. Das hat den großen Vorteil, dass zwar das große Ganze (das Thema bzw. die Zielsetzung) präsent bleibt, insofern man sich immer noch im Bild bewegt und darauf bezieht, dass aber zugleich bestimmte Aspekte fokussiert werden können. Damit werden Gespräche begrenzt – ggf. können sich sogar einzelne Meetings jeweils mit einem Bildausschnitt, d. h. mit einer bestimmten Fragestellung, beschäftigen.

**Abbildung 12.43** *Bildlandschaften bieten immer zwei Betrachtungsweisen: zum einen den Blick auf das große Ganze und zum anderen die Fokussierung von Details.*

Auch wenn die Erstellung einer Bildlandschaft mit einem hohen Aufwand verbunden ist, lohnt sie sich bei komplexen Fragestellungen erfahrungsgemäß immer, da eine nachhaltige Beschäftigung damit gewährleistet und ggf. auch eine Weiterverwendung in anderen Zusammenhängen möglich ist.

# Kapitel 13

# Visualisieren in drei Schritten – Schritt 3: Präsentation

Für die Präsentation Ihres Entwurfes, den Sie mithilfe der beiden vorigen Kapitel erstellt haben, geht es nun ans Flipchart. Hier haben Sie anders als auf dem DIN-A4-Blatt die Möglichkeit, für mehrere Personen großflächig und daher auch aus einem gewissen räumlichen Abstand zu visualisieren.

**Abbildung 13.1** *Die Visualisierung am Flipchart ist nichts anderes als eine vergrößerte Darstellung des Entwurfs.*

## Kleine Eingewöhnungsphase am Flipchart

Wie schon im Abschnitt »Vorteile des Entwurfs« in Kapitel 11, »Visualisieren in drei Schritten – Schritt 2: Entwurf«, ausgeführt, stellt das Medium Flipchart ganz spezielle Anforderungen an das Zeichnen, da Sie ja nun im Stehen arbeiten und Ihre Hand auf keiner festen Unterlage abstützen können. Daher möchte ich vor allem denjenigen, die damit noch ganz am Anfang stehen, empfehlen, gewissermaßen ein paar Lockerungsübungen vorab zu machen, also warm mit dem Medium zu werden, solange Sie nicht beobachtet werden. Denn unter Realbedingungen schaut man Ihnen beim (Live-)Zeichnen schließlich permanent zu.

**Abbildung 13.2** *Das Zeichnen im Stehen ist eine Herausforderung.*

Zum Druck, vor den Augen aller die richtigen Proportionen des Entwurfs auf dem Flipchart reproduzieren zu können, und der körperlichen Anstrengung, im Stehen zu zeichnen, die auf Dauer durchaus belasten kann, kommt auch noch die Tatsache hinzu, dass Sie mit dem Rücken zu den Teilnehmenden arbeiten. Auch das bedeutet Druck.

Um die Belastung von Armen und Schultergelenken beim großflächigen Zeichnen zu reduzieren, sollen Sie sich immer die Mühe machen, den Flipchart-Ständer so einzustellen, dass die Papierhöhe für Sie und Ihre Inhalte ideal ist. Außerdem empfehle ich Ihnen wie gesagt, durch möglichst viel Übung Sicherheit zu gewinnen und damit Stress dauerhaft zu reduzieren.

Machen Sie sich vor allem auch ausgiebig mit den für das Flipchart gedachten Markern vertraut. Denn wenn Sie das erste Mal mit solchen Markern arbeiten, wird Ihnen sicher Folgendes auffallen:

- Die Strichstärken erlauben letztlich keine wirklich kleinen, d. h. detaillierten Zeichnungen.
- Im Prinzip ist die Ihnen zur Verfügung stehende Arbeitsfläche des Flipchart-Papiers aufgrund der breiteren Strichstärken ähnlich groß wie diejenige des DIN-A4-Papiers. Auch das ist also ein Grund dafür, sich beim Entwurf zunächst einmal auf dieses Format zu beschränken.
- Die Marker liegen ganz anders in der Hand als Bleistifte und Fasermaler. Das liegt in erster Linie an dem größeren Durchmesser der Stifte und an ihrem höheren Gewicht.
- Mit der Keilspitze des Markers ist es nicht ganz einfach, auf Dauer die gleiche Strichstärke zu erzeugen. Dafür kommt es auf die richtige Haltung des Stiftes in Ihrer Hand an. Ich empfehle Ihnen daher, zur Übung durchaus einmal ein Flipchart-Poster z. B. nur mit Linien der schmalsten Strichstärke vollzuzeichnen.

Können Sie sich auf Dauer so gar nicht mit dem klassischen Flipchart-Marker anfreunden, weichen Sie, wie in Kapitel 3, »Stift ist nicht gleich Stift – das richtige Setup«, ausgeführt, einfach auf einen Marker mit Rundspitze aus.

## Vom Entwurf zur Präsentation

Für das Zeichnen am Flipchart benötigen Sie außer Ihrem Entwurfspapier folgende Materialien:

**Abbildung 13.3** *Drei Marker und ein Flipchart reichen für eine Präsentation.*

Übertragen Sie nun Ihre Skizze bzw. den ausgearbeiteten Entwurf auf Ihr Flipchart-Papier. Zur Unterstützung sollten Sie auch einen Bleistift einstecken.

**Der Bleistift als wichtige Unterstützung**

Die Verwendung eines Bleistifts ist beim Übertragen der Struktur absolut zu empfehlen! Nutzen Sie ihn ohne Bedenken und lieber einmal mehr als einmal zu wenig. Auch erfahrene Visualisierer tun das – es brandmarkt Sie nicht als Anfänger, selbst wenn man noch Bleistiftreste sehen sollte.

## So gehen Sie vor:

1. Wenn noch nicht geschehen – befestigen Sie das Flipchart-Papier auf dem Flipchart-Ständer. Die Herausforderung ist es nun, die Proportionen des kleinen Formats auf das große zu übertragen. Dafür ist das Entwurfspapier eine optimale Hilfestellung, denn hierauf ist alles bereits so angeordnet, wie es auch auf dem Flipchart zu sehen sein soll.

2. Wenn Sie Ihre Struktur proportional übertragen haben, ist das Gröbste geschafft! Schreiben Sie nun Ihre Texte – Überschrift & Co. Auch hierfür können Sie den Bleistift verwenden. Insbesondere bei der Blockschrift bietet sich das an.

3. Als Nächstes übertragen Sie die Visualisierungen, die Sie auf Ihren einzelnen DIN-A4-Blättern aufgezeichnet haben, an den vorgesehenen Stellen. Je

nachdem, wie groß Sie vorgezeichnet haben, passt die Proportion jetzt schon optimal auf das Flipchart-Papier. Falls das so ist: Legen Sie das DIN-A4-Papier hinter das Flipchart-Papier, und zeichnen Sie das Bild nach. Einfacher geht es nicht mehr.

**Schönschreiben geht auch am Flipchart!**

Gerade beim Schreiben von Text tun sich viele schwer, wenn sie am Flipchart arbeiten. Häufig läuft die Schrift schief weg, oder die Buchstabengröße ändert sich im Laufe eines Wortes. Nahezu alle Flipchart-Papiere verfügen über eine feine Linierung oder ein Kästchenmuster – nutzen Sie diese Strukturierungshilfen, um in der richtigen Größe zu bleiben. Um Ihre schöne Visualisierung aber nicht durch die Linien oder Kästchen zu stören, können Sie folgenden Trick nutzen: Drehen Sie die Strukturierungshilfen (Linien, Kästchen etc.) auf die Rückseite. So scheinen sie von Nahem nach vorn durch, sind aber aus der Betrachterperspektive unsichtbar.

4. Wenn Sie vorab nichts mehr wegradieren und korrigieren müssen, nehmen Sie nacheinander den schwarzen und grünen Marker, und zeichnen Sie die entsprechenden Bleistiftlinien nach.

5. Nehmen Sie den grünen Marker (oder natürlich auch eine andere Farbe, für die Sie sich bereits im Entwurf entschieden haben), und colorieren Sie anhand der Vorlagen im Buch oder nach eigenen Vorstellungen.

**Helle, mittlere und dunkle Töne einer Farbe nutzen**

Wie Sie in Kapitel 4, »Farbe als Gestaltungselement«, erfahren haben, hat die monochrome Gestaltung einige Vorzüge. Damit Differenzierungen möglich sind und das Ganze nicht eintönig wirkt, haben Sie ja die Möglichkeit, verschiedene Töne einer Farbe zu verwenden. Nehmen Sie also beispielsweise ein helles, ein mittleres und ein dunkles Grün.

6. Schattieren Sie Ihr Werk schließlich mit dem grauen Marker. Das sollten Sie in der Präsentationsphase auf jeden Fall tun. Dieser kleine Mehraufwand bringt einen erheblichen Qualitätsunterschied mit sich – die Visualisierungen und Texte werden dadurch plastischer.

Damit haben Sie die Visualisierung in drei Schritten abgeschlossen. Nun bleibt Ihnen fürs Erste nur, stolz auf Ihr Ergebnis zu sein und das positive Feedback der Teilnehmenden zu genießen.

Wenn Sie sich darauf aber nicht ausruhen wollen, dann haben Sie im folgenden Kapitel gleich Gelegenheit dazu, ein Template für eine Flipchart-Agenda zu entwickeln, die Sie für viele Zwecke nutzen können.

Wie Sie sich auf die Präsentation generell vorbereiten, lesen Sie in Kapitel 15, »Moderation, Workshopleitung und Graphic Recording«.

# Kapitel 14
# Ein Agenda-Plakat am Flipchart gestalten

Sowohl in Kapitel 11, »Visualisieren in drei Schritten – Schritt 2: Entwurf«, als auch in Kapitel 12, »Der Entwurfsfinder«, habe ich Ihnen verschiedene Möglichkeiten vorgestellt, Ihr jeweiliges Thema durch einen geeigneten Aufbau und eine strukturelle Darstellungsidee – als Prozess, als Kreislauf, als Vergleich, als Szene usw. – umzusetzen. Erfahrungsgemäß fällt die reflektierte Entscheidung für den idealen Grundentwurf nicht immer leicht. Daher möchte ich Ihnen auch noch einmal an einer besonders häufig in der Praxis vorkommenden Gattung konkret zeigen, wie Sie ein solches Plakat entwerfen können.

## Besonderheiten bei der Visualisierung einer Agenda

Eine Agenda dient dazu, die Teilnehmenden vor einer Veranstaltung über deren Inhalt zu informieren und sie über das Kommende – wörtlich genommen – ins Bild zu setzen. Ein Agenda-Plakat bietet somit einen orientierenden Überblick über den Ablauf eines Events wie beispielsweise eines Meetings. Dazu zählen unter Umständen auch Zeiteinteilungen, die angeben, wann etwas stattfindet.

Als Zielformat eignet sich hier das Flipchart-Papier, denn die Agenda sollte ja aufgrund ihrer Orientierungsfunktion nicht zu umfangreich sein. Da wir es gewohnt sind, Zeile für Zeile von oben nach unten zu lesen, sollten Sie hier auch nicht von der üblichen Konvention abweichen, nur um es anders als die anderen zu machen. Das Hochformat des Flipchart-Papiers ist somit hervorragend für die Visualisierung und Präsentation geeignet, und Sie können dabei auch Ihren auf DIN-A4-Papier vorbereiteten Entwurf eins zu eins übernehmen.

**Abbildung 14.1** *Ob klein oder groß – das Hochformat ist ideal für eine Agenda.*

Es ist immer sinnvoll, mit einer Prioritätenliste zu arbeiten, um daraus abzuleiten, was Sie zuerst auf dem Blatt platzieren.

Die Wichtigkeit der thematischen Aspekte und damit auch die Reihenfolge der auf dem Blatt zu platzierenden Elemente ergibt sich bei einem Agenda-Plakat zwangsläufig:

1. Thema (oben)
2. Programmpunkte plus ggf. Zeiten (darunter)
3. passende Visualisierungen durch Icons und/oder Figuren (neben den Programmpunkten)

**Die Leserichtung beachten**

In westlichen Ländern wird in der Regel von links nach rechts und von oben nach unten gelesen. Nutzen Sie vor allem bei Formaten wie der Agenda diese Lesart für sich. Da das Gehirn bereits daran gewöhnt ist, Informationen auf diese Weise zu verarbeiten, können Sie Ihr Ziel, eine schnelle Übersicht und Orientierung zu schaffen, dadurch unterstützen. Eher unüblich wäre es, die Agenda-Punkte im Querformat von links nach rechts anzuordnen. Diese Anordnung verbinden wir doch eher mit Wegen und Prozessen.

**Abbildung 14.2** *Überlegen Sie bei einer jeden Visualisierung, welche Elemente Sie zuerst zeigen wollen und welche anschließend folgen.*

Werden Texte und Visualisierungen kombiniert, so sollten immer zuerst die Texte geschrieben und anschließend die Visualisierungen vorgenommen werden – das kennen Sie auch schon aus Kapitel 11, »Visualisieren in drei Schritten – Schritt 2: Entwurf«.

**Abbildung 14.3** *Erst die Texte, dann die Visualisierungen!*

Wenn Sie das Thema des Tages verdeutlichen und noch mehr als nur mit der bloßen Überschrift in den Mittelpunkt rücken möchten, bietet sich eine Darstellung mithilfe von Icons oder auch eine szenenartige Gestaltung (ggf. mit Figuren) an. Auf meinem Beispielplakat »Agenda zu einem Visualisierungsworkshop« (siehe Abbildung 14.4) ist daher neben dem Titelthema »Agenda« sowie der Überschrift »Visualisierungsworkshop« u. a. auch unten rechts ein Flipchart dargestellt und sind als Workshopleitung bzw. stellvertretend für die Teilnehmenden die Figuren VISU-Elle und VISU-Al im Gespräch miteinander abgebildet.

Wenn Sie nicht nur das Thema Ihrer Veranstaltung, Ihres Meetings oder auch Workshops, sondern auch das Thema »Agenda« selbst visualisieren und also verdeutlichen möchten: »Das ist die Agenda (für heute)«, bietet es sich an, auch dafür geeignete und eindeutige Visualisierungen einzuplanen. Nahe liegen etwa ein Uhren-Piktogramm, aber auch ein roter Faden, der natürlich auch als sich aufwickelndes grünes Wollknäuel gestaltet sein kann, wie Sie in Abbildung 14.4 entdecken können.

Bei der Visualisierung der einzelnen Agenda-Punkte hängt es selbstverständlich vom jeweiligen Thema ab, welche Icons sich eignen. Dennoch gibt es auch hier agendaspezifische Punkte und Phasen, wie etwa die Begrüßung, Pausen und die Verabschiedung, für die Sie auch entsprechende Visualisierungen suchen sollten. Falls Ihnen auf Anhieb nichts einfällt – schauen Sie dazu in Ihr visuelles Vokabelheft oder in dieses Buch.

## Das Agenda-Plakat gestalten

Nachdem Sie mit der Dartscheibenmethode die wichtigsten Kernthemen und Visualisierungsideen herausgearbeitet haben, skizzieren Sie Ihre Agenda zunächst auf einem DIN-A4-Blatt.

### So gehen Sie vor:

1. Beginnen Sie mit der Strukturierung des Blattes, indem Sie Platzhalter einfügen und damit auch die exakte Platzierung der Elemente festlegen. Das klingt einfacher, als es manchmal ist. Denn erst dabei stellen Sie fest, ob

Ihre Blatteinteilung später am Flipchart funktionieren wird oder ob Sie Platzprobleme bekommen werden.

2. Platzieren Sie das Thema als Platzhalter auf dem Papier. Idealerweise steht es bei einer Agenda wie gesagt ganz oben. Geben Sie dem Textplatzhalter genug Platz, damit das Thema auch aus einiger Entfernung noch gut erkannt werden kann. Bei einem angekündigten Workshop mag das nicht ganz so wichtig sein, bei einem Meeting, bei dem die Teilnehmenden ggf. noch keine Vorstellung davon haben, worum es gehen wird, dagegen schon.

   Später können Sie dann, so wie Sie es in Kapitel 11, »Visualisieren in drei Schritten – Schritt 2: Entwurf«, gelernt haben, auf einem weiteren Blatt Ihren Platzhalter bzw. Textcontainer durch den eigentlichen Text, d. h. Ihr Thema, ersetzen. (In dieser Schrittanleitung gehe ich darauf nicht mehr im Detail ein.)

3. Notieren Sie nun von oben nach unten alle Agenda-Punkte, und ordnen Sie diesen ggf. auch einen Zeitrahmen (»von 9.00 bis 11.15 Uhr«) zu. Stellen Sie den Punkten als Platzhalter für spätere Icons oder auch als endgültige Darstellung eine Grundform (z. B. einen Kreis) voran, und wählen Sie für den Text bereits einen Schrifttyp aus.

   Da Sie nicht unbedingt immer am linken Blattrand, so wie es hier schematisch dargestellt ist, starten müssen, können Sie anhand der Textplatzhalter festlegen, an welcher Stelle des Blattes Ihre Agenda-Punkte tatsächlich stehen sollen.

4. Der übrige Platz steht nun für Ihre Visualisierungen zur Verfügung. Hierbei gilt es natürlich auch abzuwägen, was dem Platzangebot entsprechend infrage kommt und wie viel Zeit Sie für die Darstellung investieren möchten. Können Sie ein Agenda-Plakat wiederholt verwenden, so lohnt es sich sicher, es auch schön zu gestalten.

5. Ist es nun doch etwas eng auf Ihrem DIN-A4-Blatt geworden, so können Sie schließlich noch Anpassungen vornehmen – etwa, indem Sie mit Bleistift gezeichnete Elemente wegradieren, andere wegstreichen oder auch ein neues Blatt auf Ihre Grundstruktur auflegen und die Elemente ggf. auch etwas anders anordnen.

6. Anschließend zeichnen Sie Ihre einzelnen Visualisierungen wieder auf einzelne DIN-A4-Blätter. Sie können Sie natürlich auch auf Ihrem Grafiktablett als Dateien anlegen. Wenn Sie die Icons schon in Ihrem visuellen Vokabelheft festgehalten haben sollten, dann schlagen Sie es auf und übertragen sie gleich in Ihren Entwurf. Aber auch hier lohnt es sich, das Icon noch einmal separat auf einem Blatt zu zeichnen – das übt nicht nur Ihre Fertigkeit, sondern dient Ihnen schließlich auch als Blaupause bei der Übertragung aufs Flipchart.

7. Übertragen Sie Ihre Struktur und alle weiteren Elemente schließlich auf das Flipchart, so wie Sie es bereits in Kapitel 13, »Visualisieren in drei Schritten – Schritt 3: Präsentation«, Schritt für Schritt kennengelernt haben. Beginnen Sie hier ggf. zunächst mit dem Bleistift.

   Nachdem Sie alle Outlines gezeichnet haben, können Sie nun noch Farbe und Schattierung ins Spiel bringen, so, wie Sie es sich eventuell bereits in der Entwurfsphase überlegt hatten, oder auch spontan am Flipchart.

In Abbildung 14.4 sehen Sie mein eingangs erwähntes Agenda-Beispielplakat, bei dem ich als Variation auf die Spiegelpunkte und eine strikte Anordnung von oben nach unten zugunsten der einzelnen Visualisierungen mithilfe von Piktogrammen sowie der szenischen Darstellung verzichtet habe. Sie finden es als Vorlage auch noch einmal in Ihrem Download-Material.

**Abbildung 14.4** *Beispielhafte Darstellung eines Agenda-Plakats zum Thema »Agenda zu einem Visualisierungsworkshop«*

## Das Agenda-Plakat als ein Visualisierungsformat von vielen

Das Agenda-Plakat ist gewissermaßen ein Allrounder am Flipchart, der genauso in Meetings wie in Workshops oder auch bei Tagungen und Konferenzen sinnvoll verwendet werden kann. Auf Basis einer gut gestalteten Agenda ergeben sich häufig auch schon die Einzelthemen für die weiteren Plakate einer visuellen Präsentation, die Sie in den genannten Veranstaltungen verwenden. Das Agenda-Plakat fungiert gewissermaßen wie ein Inhaltsverzeichnis.

**Es kommt immer auch auf den Veranstaltungsrahmen an!**

Das Agenda-Plakat ist zwar eine sehr nützliche, letztlich aber nur eine Darstellungsmöglichkeit von vielen. Auch wenn die klare Grundstruktur des Agenda-Plakats gern dazu verleitet, es zu einem Mädchen für alles zu machen; sehen Sie es bitte nur als eine – wenn auch zentrale – Option für Ihre Visualisierungen an. Wenn Sie sich von den schon tausendmal gesehenen Plakaten abheben wollen, sollten Sie sich zutrauen, mithilfe des Entwurfsfinders und der Visualisierungsbeispiele in diesem Buch auch einmal andere und nicht ganz so ausgetretene Wege zu gehen. Etwa, wenn es um Incentives oder Change-Meetings geht. Hier kommt eine Agenda-Struktur nicht nur schnell an ihre Grenzen, sie widerspricht möglicherweise von vornherein dem Grundgedanken, zu neuen und daher noch unbekannten Ufern aufzubrechen oder besondere Motivationen und Anreize zu schaffen.

Auch wenn eine Agenda durch die Darstellung des chronologischen Ablaufs einer Veranstaltung Ähnlichkeit mit der Darstellung von gewissen Prozessen hat, ist es nicht ihre Funktion, inhaltliche Entwicklungsprozesse abzubilden – dafür wären Vergleiche, Bewertungen, Gegenüberstellungen, Deutungen und Ähnliches mehr notwendig, die aber naturgemäß nicht Gegenstand einer Agenda sind. Das gilt es, durchaus auseinanderzuhalten. Ein echter Prozess muss auch nicht zwangsläufig chronologisch gestaltet sein, wie Sie an den Beispielen in den vorigen Kapiteln sehen konnten.

Die Agenda dient, wie eingangs gesagt, dazu, die Teilnehmer zu informieren und über das Kommende – wörtlich – ins Bild zu setzen. Daraus werden aber in aller Regel weder neue Erkenntnisse im eigentlichen Sinne gewonnen, noch Ergebnisse dokumentiert noch Diskussionen in Gang gesetzt. Visualisierungen außerhalb einer Agenda haben andere Funktionen als die Agenda – je nach der Zielsetzung einer Veranstaltung mit einem bestimmten Schwerpunkt oder auch kombiniert. Abstrakt gesehen dienen Visualisierungen drei Zwecken:

- Kreativität – um Wissen zu erarbeiten
- Konzentration – um Wissen zu sichern
- Kommunikation – um Wissen zu vermitteln

**Abbildung 14.5** *Die drei Ks stehen für die zentralen Funktionen von Visualisierungen.*

Abschließend möchte ich Ihnen noch einen kleinen Überblick über einige Formate bzw. Visualisierungsformen geben – ohne Anspruch auf Vollständigkeit. Sie sollen Ihnen einfach eine weitere bewusste Entscheidungshilfe für Ihre Visualisierungsarbeit sein:

- Agenda bzw. auch Willkommen
- Infografik
- Aushang
- Arbeitsplakat
- Wissensplakat
- Essenzplakat
- Prozessdarstellung (linear, Zusammenhang, Abhängigkeit, zirkulär/Loop, Wiederholung)

- Protokoll bzw. Dokumentation
- Customer Journey
- Live-Visualisierung (als Sketchnoting bzw. Graphic Recording)

Wenn Sie im Rahmen einer Präsentation z. B. aus vielen Gesichtspunkten die *Essenz* herausarbeiten und dies auch visuell darstellen möchten, können Sie das Buch genau unter diesem Aspekt durchblättern – und finden hoffentlich eine geeignete Anregung. Vielleicht passen Sie die dort dargestellte Situation einfach durch das Abändern von Details an Ihre Zwecke an. Ein Trichter, ein Sieb oder doch eine Lupe, eine dynamische Bewegung von oben nach unten oder auch die vergrößerte Darstellung eines Gegenstandes – es gibt immer zahlreiche Möglichkeiten zur Umsetzung.

**Abbildung 14.6** *Eine visuelle Situation, die im jeweiligen Sachzusammenhang viele Anwendungsmöglichkeiten haben kann.*

Zu all diesen Formaten finden Sie beispielhafte Umsetzungen in diesem Buch. Etwa auch die in Abbildung 14.7 beispielhaft gezeigte *Infografik* zum Thema digitale Nutzung. Was es mit den hier dargestellten *Personas* auf sich hat, lesen Sie im Abschnitt »Vorbereitung auf die Zielgruppen – Personas definieren« in Kapitel 15, »Moderation, Workshopleitung und Graphic Recording«.

Nicht alle oben aufgeführten Darstellungsformen eignen sich zur Präsentation am Flipchart. Wenn Sie ein umfangreiches Arbeitsplakat gestalten oder eine ganze Veranstaltung visuell dokumentieren sollen, ist ggf. ein anderes Zielformat erforderlich. Für die Konzeption Ihrer Visualisierung bedeutet das, von vornherein auch Überlegungen dazu anzustellen, ob Sie mehrere Plakate simultan oder auch eine größere, durchgehende Zeichenfläche verwenden sollten. Auch für Ihr Zeitmanagement spielt die Wahl des Formats eine Rolle. Weitere Hinweise zu diesem Aspekt erhalten Sie in Kapitel 15, »Moderation, Workshopleitung und Graphic Recording«.

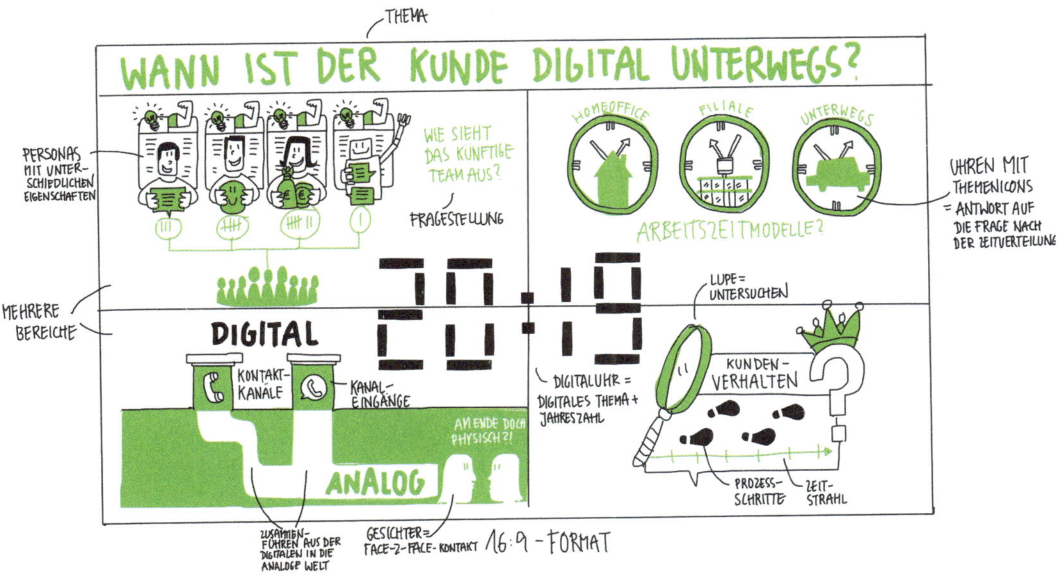


**Abbildung 14.7** *Infografik zur Visualisierung des Kundenverhaltens*

# Kapitel 15
# Moderation, Workshopleitung und Graphic Recording

Vorbereitung ist alles – das gilt vor allem bei einem Präsentationsformat wie dem Flipchart bzw. auch anderen Visualisierungen mit einem großformatigen Papiereinsatz. Im Vorfeld gibt es oft mehr zu beachten, als Sie möglicherweise denken. Viele Faktoren vor Ort können nämlich – ohne Vorbereitung – für erheblichen Stress sorgen, und umgekehrt bringt man viel Ruhe in die Präsentation während einer Veranstaltung, wenn man gut präpariert ist. Daher möchte ich Ihnen in diesem Kapitel einige praktische Hinweise geben, die Ihnen helfen sollen, möglichst alles für Ihre Projekte Notwendige vorab zu bedenken. Angefangen beim Papier über weitere manchmal unentbehrliche Materialien, die räumlichen Gegebenheiten, nützliche Hilfsmittel bis hin zum Moderationskoffer. Anschließend zeige ich Ihnen, wie Sie sich gezielt auf Ihre Zielgruppe vorbereiten können, und gebe Ihnen noch ein paar allgemeine Tipps, die Sie bei Ihrer Moderation und Workshopleitung unterstützen sollen.

**Abbildung 15.1** *Neben Stiften gehören Klebezettel zu meiner Grundausstattung.*

## Das richtige Equipment

Auch wenn Ihre Stifte zunächst einmal Ihr wichtigstes Handwerkszeug sind, das Sie immer mit sich führen können – überlassen Sie es bitte lieber nicht dem Zufall, dass im Schulungsraum, aber auch im eigenen Unternehmen und erst recht beim Kunden alle benötigten Materialien vorhanden und in Schuss sind.

**Abbildung 15.2** *Vor einer Veranstaltung sollte die Raumausstattung geprüft und sichergestellt werden, dass alle erforderlichen Materialien vorhanden sind.*

## Das richtige Papier und Papierformat

Wie schon im Abschnitt »Lassen Sie sich nicht von Formaten begrenzen!« in Kapitel 2, »Analog versus digital«, ausgeführt: Das Papierformat sollte immer dem geplanten Bild folgen. Spätestens in der Entwurfsphase sollten Sie entscheiden, ob Ihr Thema sich tatsächlich auf einem Flipchart-Plakat darstellen lässt. Passt alles auf ein DIN-A4-Blatt? Dann reicht Ihnen für die Präsentation während der Veranstaltung auch ein Flipchart-Papier. Können und sollen Ihre Inhalte gar nicht auf ein Plakat passen, dann überlegen Sie sich, ob Sie mehrere Plakate nacheinander oder simultan präsentieren wollen. In letzterem Fall, wenn Sie die Plakate also unabhängig vom Gestell z. B. nebeneinander an der Wand befestigen, können Sie diese auch unabhängig vom Flipchart-Ständer zeichnen und somit übrigens auch im Querformat zeigen. Wenn Sie Ihre Plakate – ob nun im Hoch- oder im Querformat – aneinanderreihen, wäre zu überlegen, ob Sie für Ihre Visualisierung nicht doch von vornherein eine Endlospapierrolle verwenden.

Wie auch immer Ihre Planung und Vorbereitung ausfällt – verlassen Sie sich nicht darauf, dass das entsprechende Equipment vor Ort vorhanden ist, und führen Sie – vor allem bei sehr wichtigen Terminen – im Zweifel auch Ihr eigenes Papier lieber selbst mit sich.

**Abbildung 15.3** *Welches Format ist für das Thema und den Anlass ideal? Hat das Papier die richtige Qualität? Färben die Stifte auch nicht auf die Wand durch?*

Das Papier sollte immer über eine gute Qualität verfügen und nicht schon seit Jahren unbenutzt und entsprechend zerknittert und verstaubt sein, was das Ergebnis Ihrer Visualisierung natürlich beeinträchtigen würde. Gute Qualität meint auch, dass das Papier etwas aushält, also die Stifte, mit denen Sie arbeiten, nicht durchfärben! Wenn das Papier (noch) auf einem Block ist, ist das in der Regel kein Problem. Wenn Sie allerdings auf dem Tisch oder an der Wand zeichnen und ein einzelnes Blatt verwenden, könnten Sie spätestens mit dem Abhängen des Papiers eine böse Überraschung erleben.

Gutes Papier allein reicht allerdings erfahrungsgemäß nicht zwangsläufig aus, um dieses Problem zu vermeiden – auch die Stifte sind, wie ich schon in Kapitel 3, »Stift ist nicht gleich Stift – das richtige Setup«, ausgeführt habe, ein wichtiger Faktor. Probieren Sie daher möglichst auch jeden Stift einmal auf dem Papier aus, bevor Sie an der Wand, auf einem Tisch, aber auch am Flipchart-Gestell arbeiten.

Und wie schon im Kasten »Schönschreiben geht auch am Flipchart« in Kapitel 13, »Visualisieren in drei Schritten – Schritt 3: Präsentation«, empfohlen: Drehen Sie die karierte oder linierte Seite des Flipchart-Papiers am besten einfach um – so haben Sie ein weißes Blatt Papier zur Verfügung, das optisch doch viel ansprechender als die übliche Vorderseite ist. Trotzdem scheint die Struktur (für Ihre Augen) leicht durch, und Sie können diese zur Orientierung und für das Übertragen Ihres Entwurfs nutzen.

**Endlospapierrollen statt mehrerer Flipchart-Papiere**
Endlospapierrollen haben eine Papierlänge von ca. 25 Metern und damit auch ein entsprechendes Gewicht. Sie können sich die ungefähr benötigte Länge für Ihren Termin mit einer Schere abschneiden.

Gerade für interaktive Veranstaltungsformate ist es wichtig, in Gedanken schon einmal durchzugehen, wie viel Platz voraussichtlich für die entstehende Visualisierung benötigt wird. Gibt es mehrere Einzelthemen? Dann könnten Sie eventuell mit mehreren Flipchart-Papieren arbeiten, die auf jeweils einem Gestell befestigt sind.

Natürlich hat auch die Länge der Veranstaltung eine Auswirkung auf das Bildformat. Ein Meeting von einer Stunde benötigt eine andere Bildgröße als eine Ganztagsveranstaltung. Berücksichtigen Sie auch das bei Ihrer Vorbereitung.

**Abbildung 15.4** *Gerade bei interaktiven Veranstaltungen sollte der nötige Platz für die Visualisierungen vorab genau geplant sein.*

## Weitere Materialien und der Raum

Falls Sie mit einem Flipchart-Gestell arbeiten, sollten Sie es sich vorher ansehen. Ist das Gestell rollbar oder feststehend? Wie wackelig ist es beim Zeichnen? All diese Faktoren zu kennen bringt Ihnen Sicherheit bei der Live-Nutzung.

Wenn Sie mit einem großformatigen Papier arbeiten, das über das Flipchart-Format hinausgeht, sollten Sie prüfen, ob im Raum eine ausreichend große Wand zur Verfügung steht, an der Sie das Papier aufhängen können. Ist das der Fall: Klären Sie unbedingt im Vorfeld ab, ob das auch gewünscht ist bzw. ob Sie das überhaupt dürfen! Erfahrungsgemäß sind hier viele Unternehmen sehr empfindlich.

**Abbildung 15.5** *Schauen Sie sich den Präsentationsraum genau an, und nehmen Sie Maß.*

Sollte es keine ausreichend große Wand im Raum geben, können Sie mit einer sog. *Metaplanwand* arbeiten. Diese ist schon etwas größer als das klassische Flipchart. Reicht eine Metaplanwand nicht aus, stellen Sie mehrere nebeneinander. Idealerweise können Sie (falls Sie solch eine Ausführung vorfinden) die Rollen feststellen. Tun Sie das unbedingt. Aber auch wenn dieses Gestell keine Rollen, sondern einen Standfuß hat: Verbinden Sie verschiedene Metaplanwände miteinander, indem Sie diese mit Kabelbindern oder Kreppband fixieren.

## Weitere nützliche Utensilien

Kreppband und Schere sollten ohnehin zu Ihrem Standardequipment gehören. Nutzen Sie beim Kreppband möglichst Markenprodukte, da diese problemlos an Wänden befestigt und restlos entfernt werden können. Und natürlich auch, weil sie die notwendige Klebekraft mitbringen.

Auch Stecknadeln oder Pins sollten Sie immer dabeihaben. Sollte es einmal nicht möglich sein, Papier mit Kreppband zu befestigen, was bei Metaplanwänden öfter der Fall ist, dann nutzen Sie die Nadeln.

**Eine Papierbahn allein aufhängen**

Falls Sie eine Papierbahn verwenden und diese allein aufhängen müssen, gehen Sie am besten wie folgt vor: Rollen Sie Ihre Papierbahn auf dem Boden aus, und schauen Sie, wie viel Platz Sie damit an der Wand benötigen. Schneiden Sie das Papier ab, wenn die gewünschte Länge erreicht ist. Reißen Sie nun kleine Stücke des Kreppbands ab, und kleben Sie diese an die Wand, und zwar so, dass ungefähr auf Höhe Ihres über dem Kopf ausgestreckten Arms etwa alle 50 Zentimeter ein Kreppbandstück an der Wand befestigt ist. Rollen Sie Ihre Papierbahn wieder zusammen – und zwar so, dass Sie diese nun auf die Wand auflegen und nach und nach abrollen können. Befestigen Sie das erste Kreppband an der Ecke, mit der Sie beginnen. Rollen Sie die Papierbahn fest auf der Wand anliegend immer weiter ab, nehmen Sie die zuvor befestigten Kreppbänder von der Wand, sobald Sie dort angekommen sind, und kleben Sie sie wieder über den Papierrand. Wenn Ihre Papierbahn an der oberen Seite befestigt ist, hält das fürs Erste. Jetzt können Sie ganz in Ruhe die Seiten und die untere Seite mit Kreppband befestigen.

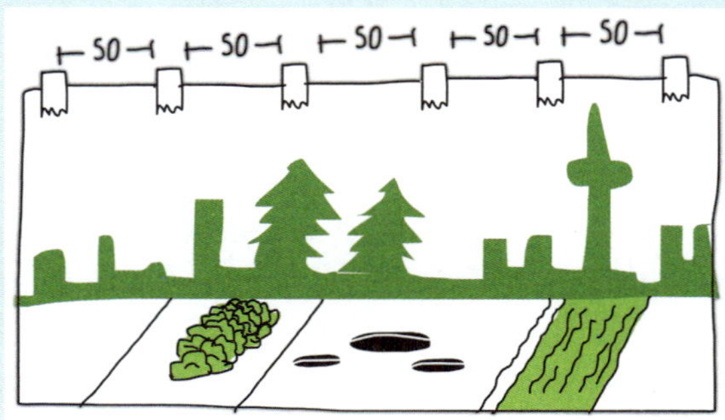


**Abbildung 15.6** *Hält fürs Erste.*

### Der Moderationskoffer

Wenn Sie häufiger visualisieren, sollten Sie die Anschaffung eines *Moderationskoffers* erwägen. Es gibt unterschiedliche Hersteller, die einen solchen Koffer anbieten. Der Hersteller *Neuland* ist dabei sicher eine der bekanntesten Marken und sehr empfehlenswert. Das Equipment ist speziell für Visualisierung entwickelt und gestaltet worden.

Hier und bei anderen Herstellern gibt es verschiedene Ausstattungsvarianten von Moderationskoffern. Standardmäßig sind aber vor allem eine Auswahl an Stiften, Moderationskarten und das oben beschriebene Zubehör wie Kreppband, Pins usw. enthalten.

Mit einem Moderationskoffer stellen Sie sicher, dass Sie immer alles beim Termin dabeihaben. Die Investition lohnt umso mehr, je öfter Sie am Flipchart arbeiten.

**Abbildung 15.7** *Für Vielvisualisierer empfiehlt sich ein Moderationskoffer.*

## Vorbereitung auf die Zielgruppen – Personas definieren

Schon in Kapitel 5, »Grundlagen einer erfolgreichen Visualisierung«, habe ich ausgeführt, dass es gerade bei der visuellen Kommunikation darauf ankommt, dass Sie gleich von Ihrem Gegenüber verstanden werden. Wenn Ihr »Empfänger« die Botschaft Ihrer »Sendung« nicht versteht, dann ist Ihre ganze Visualisierung gewissermaßen für die Katz. Um die richtige Decodierung nicht dem Zufall zu überlassen, sollten Sie sich daher spätestens im Hinblick auf die Präsentation vor Ort auch auf Ihre Zielgruppe vorbereiten. Die Zielgruppe zu kennen bedeutet immer auch, thematisch fokussierter arbeiten zu können. Denn wenn etwa bestimmte Informationen für die Zielgruppe Ihrer Veranstaltung vollkommen uninteressant sind, dann können Sie sich das Visualisieren solcher Informationen schlicht sparen. Umgekehrt sollten Sie die für die Zielgruppe elementaren Informationen in den Fokus Ihrer Gestaltung stellen. Und natürlich macht es einen Unterschied, ob Sie eine Veranstaltung vor einem Führungsteam moderieren oder ob Sie einen Workshop mit Auszubildenden leiten.

Mit einer sog. *Persona*, einer fiktiven Person, die stellvertretend für das Publikum bzw. Ihre Kundschaft steht, schaffen Sie eine Fokussierungshilfe für Ihre Arbeit. Stellen Sie sich das wie eine Karte in einem Quartettspiel vor, auf der z. B. die wichtigsten Merkmale des jeweiligen Autos, Zuges oder Flugzeugs etc. festgehalten sind. Genauso können Sie unter verschiedenen Fragestellungen die jeweiligen Charakteristika einer Persona festhalten. Beschäftigen Sie sich also im Vorfeld mit Ihrer Zielgruppe, und stellen Sie deren (mögliche) Eigenschaften, Vorlieben und Verständnishorizont heraus. Stellen Sie dafür Fragen zu dieser Person, wie z. B.:

- Wie alt ist die Person?
- Was macht die Person gern in ihrer Freizeit?
- Wie kommuniziert die Person bevorzugt?
- Welche Produkte kauft die Person regelmäßig?
- Worüber ärgert sich die Person schnell?

Je spezifischer Ihre Fragen werden, umso mehr Eigenschaften erhält Ihre Persona. Gegebenenfalls basieren die von Ihnen ermittelten Eigenschaften auch auf belegbaren Fakten. Sortieren Sie mithilfe der Dartscheibenmethode die Kerneigenschaften. Geben Sie Ihrer Persona schließlich auch einen Namen und ein Aussehen. Idealerweise entwickeln Sie mindestens drei Personas. So haben Sie einen guten Querschnitt Ihrer Zielgruppe.

Auf Basis der von Ihnen nach und nach erstellten Personas können Sie dann in Ihrer Visualisierungsarbeit Fragestellungen konsequent aus dem Blickwinkel einer bestimmten Persona zu beantworten versuchen, etwa, wenn sich der Gedanke »Ob das wohl passt?« einschleicht. Wenn Sie die Frage mit »Eher nicht« oder einem eindeutigen »Nein« beantworten, dann sortieren Sie die betreffenden Aspekte schon in Ihrer ersten Konzeptionsphase (während der Dartscheibenmethode) aus.

Personas lassen sich aber nicht nur für Ihre persönliche Vorbereitung auf die Zielgruppe nutzen, sie können selbst zu einem wichtigen Inhalt im Meeting, Workshop oder auf einer Tagung werden. Etwa, wenn es darum geht, sich für die Entwicklung eines Unternehmens genauer mit einer der Zielgruppen zu beschäftigen. Gerade bei interaktiven Formaten kommen hier meist die fruchtbarsten Ergebnisse zustande.

Wenn Sie Personas in der Gruppenarbeit entwickeln, arbeiten Sie am besten mit vorgefertigten Persona-Karten bzw. Persona-Flipchart-Plakaten. Auf dieser Basis können Sie die Gruppe oder einzelne Teams entsprechende Fragestellungen erarbeiten lassen. Weitere Hinweise für den Einsatz von Visualisierung in der Gruppenarbeit erhalten Sie im Abschnitt »Visualisieren mit Klebezetteln« am Ende dieses Kapitels.

## Ihre Rolle ...

Während Ihrer Veranstaltungen, Kundentermine und Meetings kommen Ihnen möglicherweise verschiedene Funktionen zu, die in einer Wechselbeziehung mit Ihrem jeweiligen Visualisierungsformat stehen. Berücksichtigen Sie also bereits in Ihrer Vorbereitung, ob Sie die Moderation bzw. die Workshopleitung übernehmen oder ob Sie etwa auch live visualisieren (Graphic Recording) wollen bzw. müssen.

### ... als Moderatorin und Moderator

Wenn Sie eine Veranstaltung moderieren, können Sie Ihre Plakate in aller Regel vorbereiten – wie etwa das Agenda-Plakat, das Sie in Kapitel 14, »Ein Agenda-Plakat am Flipchart gestalten«, erstellt haben. Auch darauf aufbauende Visualisierungen, die die Inhalte der Präsentation im Einzelnen veranschaulichen, haben Sie normalerweise schon als fertige oder fast fertige Plakate gestaltet. Somit können Sie sich während der Veranstaltung auf das Gespräch mit Ihrer Gruppe fokussieren.

**Abbildung 15.8** *Eine vorbereitete Visualisierung erlaubt es, sich ganz auf die Moderation der Veranstaltung und die Teilnehmer zu konzentrieren.*

## ... beim Graphic Recording

Als Graphic Recorder bzw. Graphic Recorderin haben Sie die Aufgabe, die Aussagen und Ergebnisse während einer Veranstaltung visuell zu dokumentieren. Mehr noch: Sie verantworten dabei letztlich die gelungene Dokumentation des gesamten Events! Die Herausforderungen dieses Visualisierungsformats bestehen darin, zugleich zuzuhören, relativ spontan die ideale Visualisierungsform zu finden und zudem live vor Publikum zu zeichnen. Relativ, weil Sie sich auch hier im Vorfeld auf das Thema vorbereiten können und auch unbedingt sollten. Glauben Sie mir, auch wenn ich schon seit vielen Jahren als Graphic Recorder tätig bin, würde ich es niemals riskieren, unvorbereitet in einen Termin zu gehen.

In Ihrer Funktion, das Graphic Recording einer Veranstaltung zu verantworten, sind Sie natürlich nicht aktiv am Ablauf der Veranstaltung bzw. des Workshops selbst beteiligt. Umso wichtiger ist eine entsprechend gute Vorbereitung. Nutzen Sie dazu etwa die Agenda. Finden Sie zu jedem Punkt der Agenda eine geeignete Visualisierung. Bereiten Sie diese als einzelne Entwürfe vor, und zeichnen Sie sie dann während der Veranstaltung live in das Bild. In Ihrem Bild sollten Sie natürlich für die Kernaussagen einen entsprechenden Platz vorsehen, um auch diese in Ihre Visualisierung einarbeiten zu können – als Text (z. B. in Sprechblasen) oder auch mithilfe von passenden Piktogrammen aus Ihrem Repertoire.

**Abbildung 15.9** *Graphic Recording ist die hohe Kunst der Visualisierung, die Sie sich aber nach einiger Erfahrung und viel Übung im Zeichnen durchaus zutrauen können.*

Wenn Sie im Vorfeld ein Briefing erhalten, dann fragen Sie unbedingt nach, wenn Ihnen nicht klar ist, was genau gemeint ist. Je klarer Ihre Aufgabe bzw. die Zielsetzung der Veranstaltung definiert ist, umso weniger nebulös gestaltet sich der weitere Ablauf.

**Abbildung 15.10** *Gerade wenn Sie für ein fremdes Unternehmen arbeiten, ist das Thema anfangs eher nebulös.*

**Abbildung 15.11** *Erst das Briefing bringt den Durchblick.*

Wenn Sie kein Briefing oder eines mit eher blumigen bzw. nichtssagenden Umschreibungen erhalten, dann erstellen Sie selbst eines. Halten Sie wie bei der

Dartscheibenmethode das Thema schriftlich fest, bis es alle wichtigen Aspekte in einem Satz enthält. Filtern Sie anschließend die Kernbotschaften heraus.

**Abbildung 15.12** *Erst durch das aktive Herausarbeiten von Kernbotschaften entwickeln Sie auch für Live-Visualisierungen vorab Ihre Visualisierungsideen.*

## ... als Workshopleitung

Wenn Sie die Leitung eines Workshops übernehmen, finden Sie sich prinzipiell in einer Situation mit Doppelbelastung wieder. Anders als bei der Moderation einer vorbereiteten Präsentation, aber auch anders als beim Graphic Recording, bei dem Sie sich auf das Visualisieren konzentrieren können, müssen Sie nun (mindestens) zwei Rollen auf einmal übernehmen.

Versetzen Sie sich einmal ganz konkret in die Situation: Sie stellen eine Frage und bekommen eine Antwort. Ihnen fällt aber spontan nichts dazu ein, wie es sich zeichnerisch umsetzen ließe. Ihr Puls steigt, Sie schwitzen. Aber auch, wenn Ihnen ad hoc etwas Passendes einfällt – Sie fangen an zu zeichnen. Nun drehen Sie den Teilnehmenden für eine längere Zeit den Rücken zu und müssen dabei ggf. noch auf das antworten, was hinter Ihrem Rücken zwischenzeitlich gesprochen wird. Sie begeben sich in diesem Moment in die größtmögliche Herausforderung – Sie moderieren den Workshop, interagieren mit den Teilnehmenden und müssen sich also auf das Gesagte konzentrieren und selbst entsprechend antworten –, und zugleich visualisieren Sie live, d. h., Sie konzipieren in Gedanken Ihren Entwurf und die geeignete Darstellungsform und führen ihn mehr oder weniger gleichzeitig aus. Und dann soll das Ganze womöglich auch noch in den richtigen Proportionen auf Anhieb gelingen und gestalterisch schön sein. Eine spätere Anpassung ist auf dem Papier dabei ja nicht möglich. Ehrlich gesagt, das ist Multitasking am Limit.

**Abbildung 15.13** *Live zu visualisieren und zugleich einen Workshop zu leiten bringt auch sehr erfahrene Visualisierungsprofis schnell an ihre Grenzen!*

Auch wenn Sie sich möglicherweise vorgestellt haben, genau diese Herausforderungen mit diesem Buch künftig zu meistern – bitte glauben Sie mir, damit tun Sie weder sich selbst noch Ihrem Publikum einen Gefallen. Meine Empfehlung daher: Versuchen Sie diese Situation unbedingt zu vermeiden! Die Wahrheit ist: Selbst für einen Profi, der sich seit Jahren ausschließlich mit Visualisierung beschäftigt, funktionieren solche interaktiven Formate nur mit Einschränkungen bzw. idealerweise in digitaler Form.

Manchmal lässt sich eine solche Anforderung in der Unternehmenspraxis aber natürlich nicht vermeiden. Um dann dennoch vertretbare Ergebnisse zu produzieren, empfehle ich Ihnen zwei Optionen:

1. Wenn Sie die Aussagen von Teilnehmenden gleich am Flipchart in Textform dokumentieren möchten, dann bereiten Sie nach Möglichkeit eine Grundstruktur – zumindest als (mit Bleistift skizzierten) Entwurf auf dem Präsentationsformat – vor. Hier können Sie neben den jeweiligen Fragestellungen, die Sie in der Konzeptionsphase erarbeitet haben, ausreichend Freiraum für die Sammlung von Aspekten vorsehen, die aus dem Publikum kommen.
2. Möchten Sie diese Aspekte gleich in Form von Visualisierungen festhalten, versuchen Sie diese in Ihrer Vorbereitung möglichst vollständig zu antizipieren. Statt die vorbereiteten Zeichnungen nun auf dem Papier durchzupausen oder aus Ihrem visuellen Vokabelheft auf das Zielformat zu übertragen, können Sie diese auch auf Blättern vorbereiten, ausschneiden und dann per Kreppband in Ihre Visualisierung kleben, um den Stress der Situation insgesamt weiter zu reduzieren.

Als weitere Alternative zu eventuell vorbereiteten Skizzen und ausgeschnittenen Zeichnungen, die Sie auf Ihrem Plakat befestigen, bietet sich im Rahmen einer echten Gruppenarbeit auch die Arbeit mit Klebezetteln an. Dabei entlasten Sie sich als Workshopleitung und beteiligen zugleich die Gruppenteilnehmer aktiv am Visualisierungsprozess.

## Visualisieren mit Klebezetteln

Visualisierung ist nicht ausschließlich das Zeichnen von Symbolen und Figuren. Es geht darum, eine bildhafte Darstellung zu nutzen, um damit effizienter zu arbeiten. Auch der Einsatz von Klebezetteln ist eine wichtige Visualisierungsmethode.

### So arbeiten Sie mit den Klebezetteln:

**1.** Verwenden Sie – wie schon bei der Dartscheibenmethode – am besten mehrere Farben. Dadurch können Sie leichter gruppieren und erhalten einen schnelleren Überblick.

2. Definieren Sie eine Farbe für jeden Schritt Ihrer Arbeit.

   Die gelben Zettel könnten Sie beispielsweise für Kernbotschaften verwenden, die grünen für Assoziationen.

3. Nutzen Sie zuerst nur die gelben Zettel. Lassen Sie die Gruppe dort entsprechend dem Thema bzw. der zu bearbeitenden Fragestellung Kernbotschaften notieren. Auch hier gilt: Pro Zettel soll nur ein Begriff notiert werden. Wenn Sie die Antworten und somit gleich doppelte oder ähnliche Antworten vorab filtern wollen, so können Sie es auch selbst übernehmen, die Begriffe, die im Team genannt werden, dort zu notieren.

   Kleben Sie die Zettel anschließend an die Wand oder auf den Tisch.

4. Genauso verfahren Sie nun mit den grünen Zetteln bzw. den Assoziationen.

Nun kommt alles auf die Zuordnung an, denn damit beginnt die eigentliche Visualisierung der gesammelten Begriffe. Dafür stehen Ihnen verschiedene Klebevarianten zur Verfügung. Klassischerweise ordnen Sie rund um ein Kernthema bzw. eine Kernbotschaft die entsprechenden Aspekte an – so wie in der Dartscheibenmethode.

**Abbildung 15.14** *Rund um die Kernbotschaft*

Sie können das aber auch bewusst variieren und dabei bereits einige Zettel neben der Kernbotschaft oder auch darunter in untereinander angeordneten Zeilen anordnen, sodass bereits eine erste Sortierung vorgenommen wird, die die Teilnehmer in der Wahrnehmung lenkt.

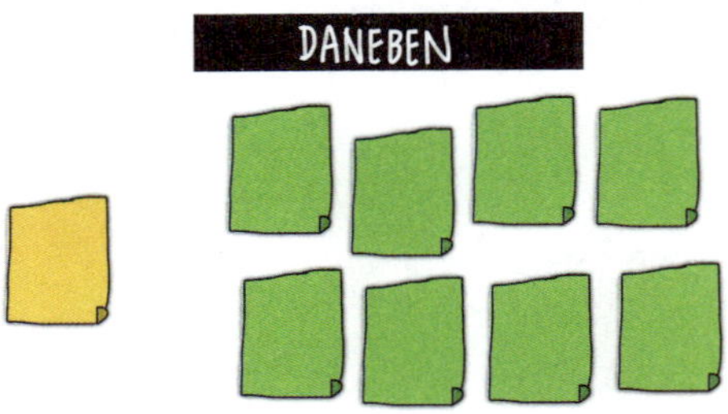


**Abbildung 15.15** *Neben der Kernbotschaft ...*

**Abbildung 15.16** *... oder auch darunter*

Der Vorteil der Klebezettelmethode liegt auf der Hand. Sie können als Workshopleitung – ohne großen Aufwand – direkt mit der Gruppe interagieren bzw. auf deren Beiträge blitzschnell reagieren und Zettel entsprechend umordnen bzw. auch entfernen. In den meisten Fällen gibt es einen natürlichen Selektionsprozess. Assoziationen, die nicht wirklich überzeugen, landen ganz weit unten in der Liste. Ein weiterer zentraler Vorteil: Das Team fühlt sich aktiv an der Erarbeitung der Ergebnisse beteiligt, wodurch nicht nur die Motivation mitzuarbeiten tendenziell höher ist, sondern auch die Zustimmung und Identifikation mit den Ergebnissen.

**Prinzipiell immer erst sammeln, dann priorisieren!**

Auch wenn Sie bereits durch den Einsatz verschiedener Klebevarianten die Möglichkeit haben, gesammelte Ergebnisse vorab zu strukturieren, empfehle ich Ihnen, beides grundsätzlich zunächst einmal voneinander zu trennen. Gehen Sie also möglichst schrittweise vor! Versuchen Sie nicht direkt mit der Sammlung schon eine Priorisierung von Aspekten vorzunehmen. Das ist für das Gehirn eine riesige Denkaufgabe, und gerade in der Gruppenarbeit könnte es den Prozess gemeinsamen Überlegens zu früh beenden.

Aus der jeweiligen Anordnung der Klebezettel entsteht schließlich ein Gesamtbild, das – wie eine jede gelungene Visualisierung – eine intuitiv verständliche Übersicht über ein Thema gewährt. Wie in Abbildung 15.17 dargestellt, lassen sich aus der Anzahl der Gruppierungen (im Beispiel drei thematische Schwerpunkte) und der jeweiligen mengenmäßigen Verteilung der einzelnen Aspekte bereits wichtige Einsichten gewinnen.

**Abbildung 15.17** *Durch die Anordnung und die mengenmäßige Verteilung von Klebezetteln selbst entsteht eine Visualisierung zum Thema.*

Auf Basis dieser ersten Strukturierung können Sie Ihre Gruppe z. B. in kleinere Arbeitsgruppen aufteilen. Jede Gruppe beschäftigt sich nun intensiver mit einem Schwerpunktthema bzw. einer zentralen Kernbotschaft. Die Aufteilung in kleinere, parallel arbeitende Gruppen ermöglicht es auch, das Zeitmanagement in Meetings effizient zu handhaben.

Diese in der Gruppe final und strukturiert erarbeiteten zentralen Ergebnisse können Sie nun als Workshop- bzw. Meetingleitung auch noch einmal dokumentieren, indem Sie diese wiederum am Flipchart visualisieren. Anders als bei der offenen Sammlung von Ideen und dem Versuch, diese gleich am Flipchart umzusetzen, können Sie sich nun tatsächlich auf eine finale Präsentation konzentrieren. Die Teilnehmer liefern Ihnen mit ihrer schrittweise erarbeiteten Ergebnispräsentation erfahrungsgemäß auch die zentrale Visualisierungsidee jeweils gleich mit.

# Stichwortverzeichnis

## F



## G



## H



## I



## K

## L



## M



## N



## O



## P

## R

## S



## T



## U



## V

## W



## Z

# Visuelle Notizen – nicht nur am Flipchart!

Mit Sketchnotes macht das Notieren Spaß und der Erinnerungsfaktor ist hoch! Ines Schaffranek nimmt Sie bei der Erstellung gelungener Sketchnotes an die Hand und erläutert den geschickten Aufbau der Skizzen. Selbst ungeübte Zeichner können sich mit diesem Buch ein Repertoire an Scribbels erarbeiten, das sich bei den verschiedensten Gelegenheiten einsetzen lässt: Bei Präsentationen, in der Ideenfindung, bei Problemanalysen oder auch im kreativen Alltag. Inkl. Bibliotheken der beliebtesten Motive zum Nachzeichnen.

214 Seiten, broschiert, in Farbe, 24,90 Euro, ISBN 978-3-8362-4337-7

**www.rheinwerk-verlag.de/4236**